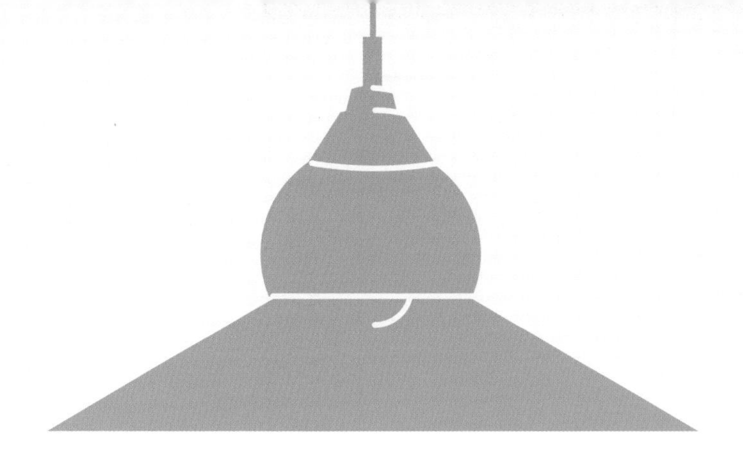

陪伴成长的亲子住宅设计术

邵梦实 编著

化学工业出版社
·北 京·

内容简介

有了孩子的家，是不是立刻变得跟过去不一样了？小推车挤占了入户的要道，五颜六色的玩具越来越多，书架上的绘本也逐渐堆放不下……本书用带有温度的文字和图片，带领你走进13个充满爱的亲子之家。从小户型的“蜗居”到大开间的美宅，一孩、二孩和多子女家庭皆有。不仅介绍了每个亲子住宅的空间创意亮点，同时还讲述了每一对父母的舐犊之爱与生活态度。在此之外，对于家庭装修至关重要的收纳、动线、配色，以及对于亲子之家至关重要的安全、环保等问题，设计师们都提供了十分有用的建议。

这本温暖的居住美学书，不仅仅是指导你怎样设计出孩子们喜欢的房子，更希望帮助为人父母的你享受和孩子在家共度的时光。

图书在版编目（CIP）数据

陪伴成长的亲子住宅设计术 / 邵梦实编著. -- 北京：化学工业出版社，2022.9

ISBN 978-7-122-41654-4

Ⅰ. ①陪… Ⅱ. ①邵… Ⅲ. ①儿童—房间—室内装饰设计 Ⅳ. ①TU241.049

中国版本图书馆CIP数据核字（2022）第100353号

责任编辑：孙梅戈　　装帧设计：对白设计
责任校对：赵懿桐

出版发行：化学工业出版社（北京市东城区青年湖南街13号　邮政编码100011）
印　　装：北京宝隆世纪印刷有限公司
710mm×1000mm　1/16　印张12¼　字数247千字　2022年10月北京第1版第1次印刷

购书咨询：010-64518888　　售后服务：010-64518899
网　　址：http://www.cip.com.cn
凡购买本书，如有缺损质量问题，本社销售中心负责调换。

定　　价：78.00元

PREFACE 序言

业界著名的住宅设计师中村好文在他的《住宅读本》中总结了建筑大师经典自宅具备的12个因素，其中两项是“游戏心”和“孩子”。对于住宅中的亲子空间来说，这两项尤为重要：有“游戏心”，生活在其中的人会更加愉快；关切“孩子”，等宝贝长大回忆起童年的家，心中会充满暖意。

对于新手父母来说，宝贝的降生带着一大堆新鲜领域的问题，逼迫我们快速成长。吃奶哄睡顺手后，很快你会开始研究如何为他/她创造一个亲子齐乐的场所，陪伴孩子成长。

在做“三开间”公众号的几年中，我看到过不少让人怦然心动的亲子住宅。多口之家的生活难题在设计师的腾挪中迎刃而解，颇具品位的主人和新生宝贝在空间上的需求和解相融，家中独特的“大家具”让大人孩子玩在一起。

通过这些幸福空间，我找到了十余位深谙住宅之道的设计师，追问他们创造出让孩子爱上的家是否有可以遵循的设计原则。掌握了这些设计密码，更多有娃家庭就可以高效、舒适的打造属于自己的亲子空间了！

本书中讨论的亲子空间不局限于儿童房，在我们选购各种玩具和儿童家具布置单个房间前，不妨先问问自己，希望和孩子在怎样的氛围里生活；在共同使用的空间中，是否可以为孩子的成长做出一些让步；如果孩子已经到了可以沟通的年龄，听听他/她的想法也是不错的主意。

当你开始仔细思考这个问题，相信大部分人对亲子住宅的联想就不只是公主睡帐和小汽车床了！亲子阅读、陪伴玩耍、低幼友好家具这些关键词可能会出现在脑海中。接下来，你可能还想研究如何给孩子搭建一个秘密基地，思考如何在家给孩子安全“放电”，甚至有些你热爱的事物，希望提前让孩子感受到它们的乐趣。

这本书里收录的13个亲子住宅打破了我们对传统儿童房的想象，设计好看又实用。如果你希望在家中打造出陪伴孩子成长的亲子空间，后文有一些具体的设计策略很值得借鉴。即便不能快速上手，我们至少可以从专业人士的家中获取设计灵感，有针对性地和家装设计师沟通方案。

空间毫无疑问会影响孩子的行为和心理，但设计并不能取代父母的陪伴。我们和孩子在家中共同创造出的小世界，需要一起用爱来守护。期待你在翻阅这本书后对亲子住宅和亲子关系有更多理解，更享受和孩子在家的时光！

如何使用这本书

① 打开任意一个你感兴趣的住宅案例，在设计师的“脑洞”里遨游。

② 我们标注了每个住宅中孩子的性别及数量，方便你更有针对性地找到适合自己家庭的案例（在低龄孩子的空间设计中，性别其实不是最主要的考虑因素，性格才是，但在本书中依然作为一个索引项）。

③ 每个案例中会嵌套进最有特色的部分做专题探讨，例如如何收纳、如何增加趣味性、如何帮助孩子“放电”等。这些小专题也会出现在目录中，如果你对某个方面有困惑，可以在目录中找到它们。

④ 我们更推崇创造家的亲子氛围，而不是创造儿童房，所以没有单独将每个住宅中的儿童房抽出来剖析，如果你更在意这部分，可以在阅读中留意儿童房的部分。

CONTENTS
目 录

01 平等之家

文骏

- 性质 - 设计师自宅
- 家庭成员 - 父母、长辈、男宝
- 面积 -135m^2
- 户型 -3 室
- 位置 - 上海 闵行

文骏家的超大客厅。

“如果建造是进化赋予人类的一种本能，那么居所便是这一本能最原始、最核心的施展。”

随着小宝宝的出生，家里会发生各种各样的变化，不管是添置家具还是重新装修，脑海里无疑都会先出现如何适应孩子的需求这个问题。但建筑师文骏的自宅有着鲜明的态度：孩子并非核心，爱和平等才是。

如果作为父母的你有着相同的价值观，不妨看看文骏是如何做的。为了给儿子更大的成长空间，文骏家换了 135m^{2}的房子，但没有一处空间是儿子“专属”的。

让文骏和太太义无反顾买下新家的理由，是这间房有超大的起居空间。

很多希望突破传统装修方式的家庭，都开始摒弃电视作为核心的布置。没有了这件“霸占”家庭时间的大家具，很多家庭其实不太清楚怎么填充进有趣的亲子活动，往往又变成了客厅中心放一张爬垫，孩子自己玩，家长窝在沙发里刷手机。

文骏的家里，起居大空间是整个房子使用率最高的区域，4.8m × 9m 的宽裕空间给了他打造理想起居模式的可能性。

有电视，但“非电视核心”的起居空间。

这里连接着妈妈的阅读区、爸爸的工作区、爷爷奶奶的影视区、孩子的玩耍区、全家人的餐厅。每个人都可以在这里安心做自己的事，同时又能兼顾他人的情绪。

对文骏来说，家的意义就是提供这样一个一家人能互相陪伴的空间。

为了弱化电视在客厅中的位置，电视故意被挂在了南侧较长的一面墙上。中间沙发的位置也不是一成不变的，既可以全家人排排坐看电视、电影，也可以把沙发靠近书架变成阅读模式，朋友来了还可以和餐厅组合起来变身聚会模式。

灵活的布置也给了玩耍更多可能性。比如沙发推到一边，起居室中央就空出了“小车赛跑”的场地！

事实上，除了多功能的起居大空间，设计之初文骏已经在家中散落布置了很多可以释放小孩电量的“玩耍点”。

01 榻榻米地台

朝南的封闭阳台和起居室相连，是原始户型里就有的。利用这个区域，文骏在阳光最充沛的地方设置了木质榻榻米地台。窗下的墙垛部分也打上了柜子，使阳台形成了一个半独立的活动空间。

榻榻米和地面30cm的高差，让坐在地上的妈妈和榻榻米上的孩子视线可以在同一个高度上交流。榻榻米下的抽屉还可以直接将暂时不玩的玩具收纳起来。

❶ 和阳台、电视墙融为一体的榻榻米地台。水曲柳材质的榻榻米和水泥地砖形成反差，限定出不同的空间属性。

❷ 1.8m的进深，足够搭建起大型的积木城堡或者复杂的火车轨道！

❸ 一个抽屉的高度既适合孩子自己爬上爬下，也适合大人在暖洋洋的午后阅读喝茶。

02 亲子共用的工作台

作为起居室的一部分，工作区包含了爸爸的设计桌、爷爷的股票交易台，还有孩子的涂鸦小桌。多个工作台并置，让加班也成了一种无声的陪伴。

❸

❶ 工作台和书架文骏选择的是适应性和拓展性极强的VITSOE 606置物架系统，安装的灵活性让使用上有了更多可能性。

❷ 最右侧孩子的涂鸦桌，可以随着身高增长调节高度，未来能直接转化为学习桌。和父母一起“工作”。被专注的氛围感染，也有利于学习习惯的养成。

❸ 多个工作台并置，加班也成了一种无声的陪伴。

03 『大家具』也是『大玩具』

除了阳台—客厅这个玩耍路线，起居室还有一件通过木工现场制作的“大家具”，集合了衣帽架、鞋柜、旅行箱和工具收纳柜等实用性功能，同时还是孩子的小型游乐场！

这里作为游戏区，包含了台阶、平台、滑梯、洞洞墙等元素，既满足了孩子对高低探索的好奇心，也顺带训练了孩子的感统协调能力，不得不佩服文骏的机智！

有了这个“柜子”，孩子和小伙伴有了自由玩耍不受干扰的地方，滑梯还成了小车、皮球、积木的赛道，比比看，谁跑得快！贴近厨房的一侧，滑梯出口、储物箱入口、冰箱柜子的开洞，文骏处理成了“等差数列虫洞”，日后可以给孩子做数学启蒙。很多物理和数学的思维，其实在这些游戏中孩子就能接触到。

再转到玄关的一侧，大家具又成了入户换鞋、挂衣、堆包的地方。

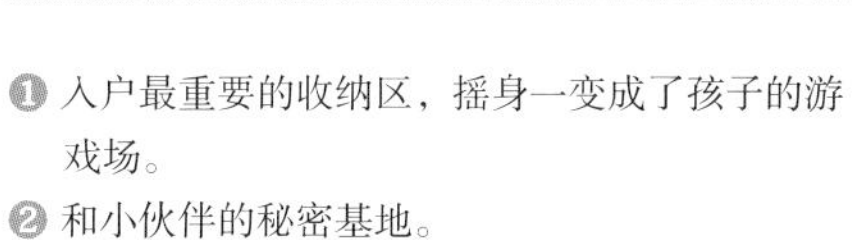

❶ 入户最重要的收纳区，摇身一变成了孩子的游戏场。
❷ 和小伙伴的秘密基地。
❸ 滑梯是放电的最佳场所！
❹ 大家具靠近厨房的一侧，兼备了冰箱收纳的功能。
❺ 墙上的洞洞组成了文骏儿子的星座图形。

❶ 墙的黑板漆下面，还批刮了磁性漆，大大增加了涂鸦墙的功能性。这里也是寓教于乐的好地方。
❷ 文骏家俯瞰图。黑板墙起到了分隔起居室、卧室的作用，形成一静一动两个生活区域。

04 黑板墙

分隔起居室和卧室之间的墙，文骏直接刷成了黑板漆。除了可以在这面墙上放肆涂鸦，长达12m的无障碍区域也是孩子自由奔跑甚至玩滑板的地方。

黑板墙两端的门洞分别通向两间卧室，墙背面也没有任何阻碍，孩子可以围绕着黑板墙转圈玩耍。

从榻榻米、工作台、大家具，到黑板墙，这四个主要的“玩耍点”再加上客厅，串起了大部分孩子活动的区域。同时，室内开阔又丰富的布局，形成了一大一小两个玩耍的动线。

流畅的动线，非常适合孩子喜爱追逐游戏的天性！

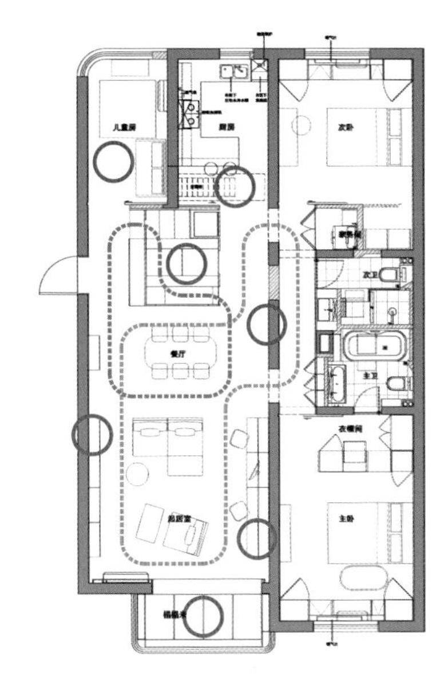

蓝色和红色是文骏在设计之初规划的两条“玩耍环线”，红色圆圈是孩子的“玩耍点”。

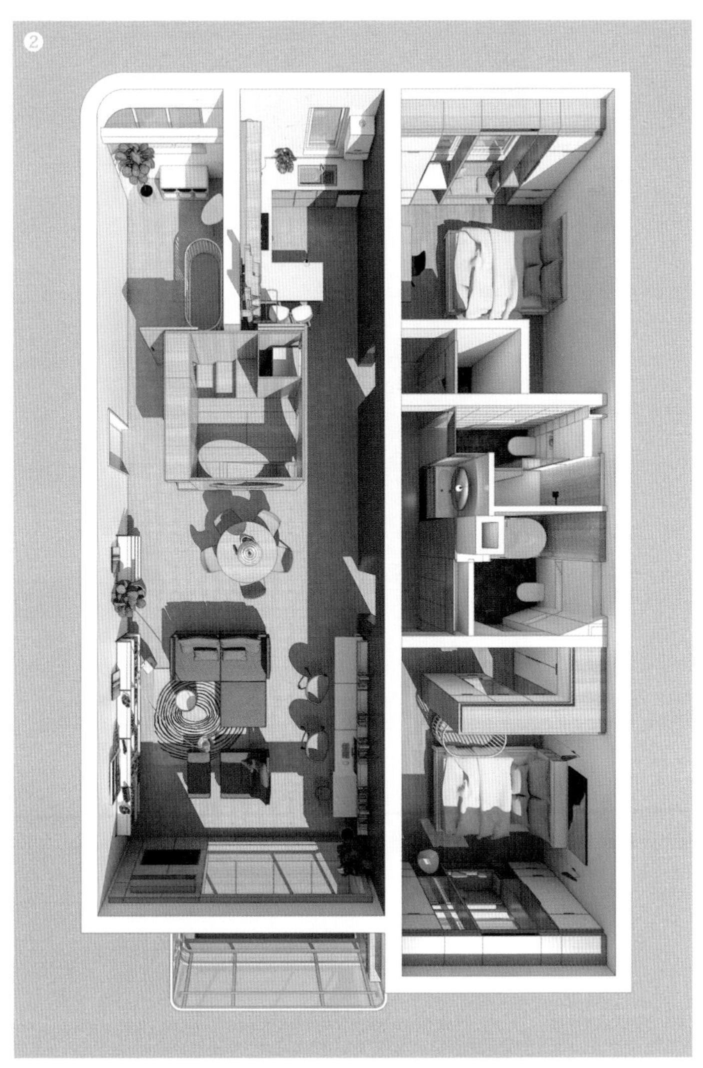

05 房屋中的其他巧思

文骏家还有一处得天独厚的优势——一个独用的屋顶露台。这个露台为家里带来了明亮的采光。

天气好的时候，抬头就可以看见蓝天。天窗可以平行开启，孩子最爱在这里读绘本。

紧邻露台的厨房是阳光惠及最多的空间。为了利用好这处空间，文骏把厨房改造成了效率较高的U型布局，方便烹饪的各种操作。吧台椅是长谷川的折叠椅。

通往露台的楼梯是亲子阅读的好地方。

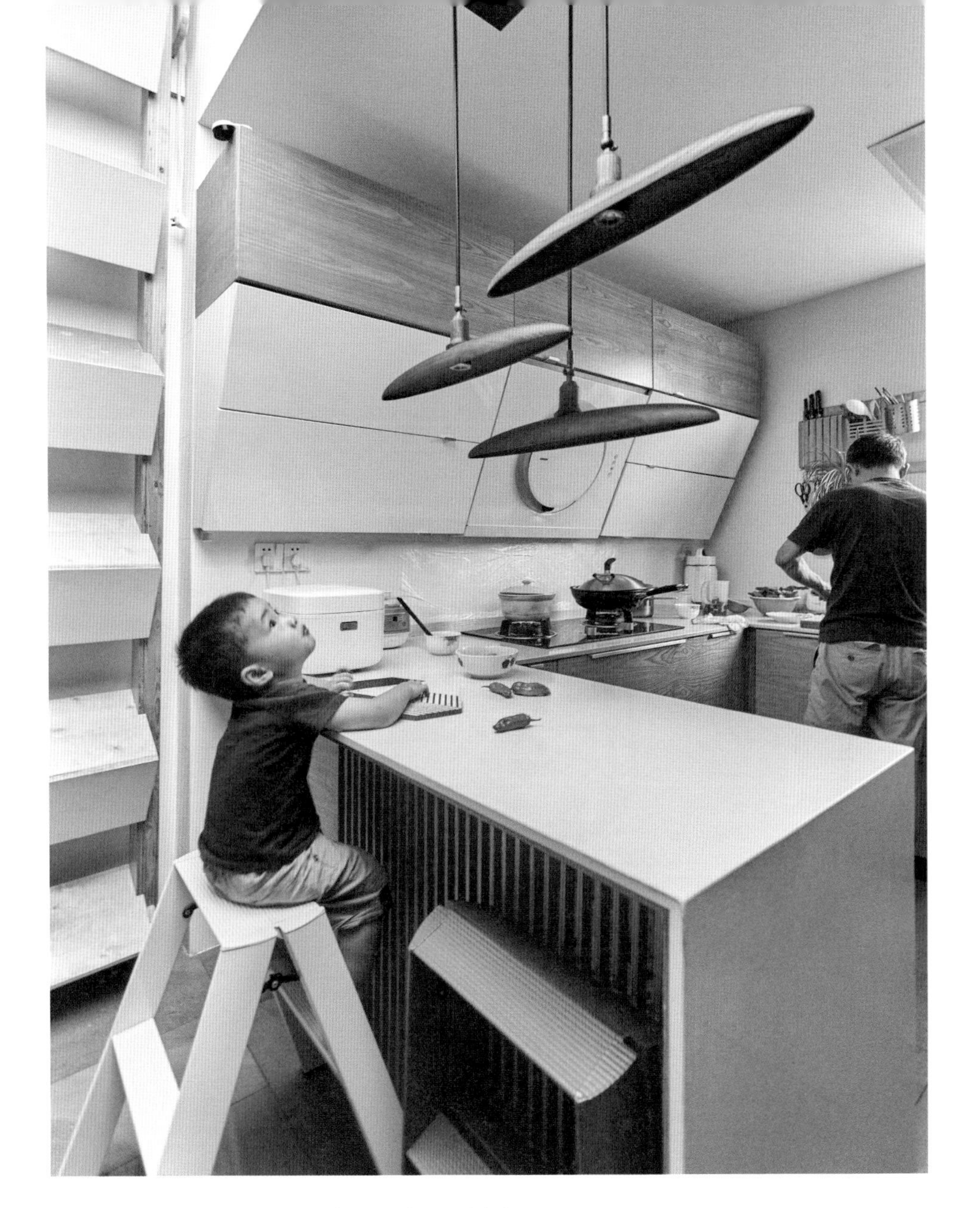

吧台和折叠椅让小朋友也很容易参与到厨房的活动中来。

开放式厨房对中式烹饪不够友好，于是文骏在靠近客厅“大家具”的位置设置了滑门，油烟大的时候可以拉上门起到隔离的作用。

通向露台的楼梯是可以伸缩收纳的。原来户型中的L型楼梯很占地方被拆掉了，现在这个通过滑动支座控制的楼梯，使用时放下来，左右错步的台阶可以舒服地上下楼；不用时可以靠墙直立收纳，厨房岛台两面的操作都不受影响。

除此之外，文骏家所有门都不上锁，他相信家庭成员间的互相尊重可以带来足够的隐私和安全感。

关于文骏

王文骏

时渡设计事务所创始人

国家一级注册建筑师

打造平等的家
儿童空间与家居整体相协调的策略

有了孩子之后，大多数家庭都面临为孩子“腾地方”的困扰。当小生命来临，在卧室添置小床和小衣柜几乎是必选项，等孩子开始学爬、学走，客厅的茶几被一整张爬垫替代。伴随孩子的成长，家里的布置不断调整，玩具、绘本越来越多，家里可以活动的地方越来越局促，家居的色彩也越来越杂乱。

儿童和他/她物品的加入，真的与家具整体氛围，以及大人的需要不可调和吗？和文骏聊过后，有几点小策略非常值得借鉴。

1. 家里的空间要尽可能开放，方便随时根据活动调整家具的摆放。开阔的空间中，孩子可以看到不同的家庭成员在做什么，既是一种模仿学习，也为孩子提供了安全感。

2. 打造一些可以和孩子互动的空间，创造更多陪伴的可能。如果家里没有打造“大家具”的空间条件，可以利用角落和墙壁做榻榻米、黑板墙、攀爬墙、滑梯等消耗“电量”的设计。或者多留一些空地，策划一条“跑道”，作为自由玩耍的空间。设计中可以“隐藏”一些小细节，比如文骏家多功能柜上的“星座图开孔”，让孩子随着成长自己去慢慢发现。

3. 可以考虑规划出一片装饰简单、没有过多干扰物的区域，作为学习空间。小孩子大脑的发育过程决定了注意力容易分散，不过分迎合低幼的装饰可以减少孩子被周遭打搅的可能。

4. 用“成长型家具”兼顾儿童和成人的需求。小孩子会长大，要尽量避免选择一些仅仅适合孩子当下使用的东西，比如低矮的台盆等。一些成人尺度的家具，孩子其实一样也能使用。像洗脸镜子的大小、窗户的景观视线高度等可以事先考虑儿童的身高，做成大人孩子都合适的尺寸。

5. 大件家具在设计时做好多功能的考量。比如文骏家起居室里带有滑梯的多功能柜，随着成长，孩子或许对滑梯不再新奇，但滑梯同时也是进入盒子的一种方式，仍然可以通过滑梯，在“盒子”里做任何他想做的事。盒子本身也是一个很好的独处空间，即使孩子大了，不再需要“游戏盒子”，这里也可以成为冥想空间，甚至是一间临时客房。

6.儿童空间的颜色不必非得五颜六色。空间的趣味不一定要通过幼稚的颜色体现，完全可以通过空间的变化展现更多的参与感。这样，在材质和视觉调性上就有了更多选择，儿童空间更容易和家居整体协调起来。

7.表面上的危险，其实是有意义的成长。我们通常认为家具的拐角会在学步期、活跃运动期造成危险，但每个拐角都包裹上泡沫材料确实不美观。细看文骏家，既没有包桌角，也并非全都是曲线设计。文骏说小朋友的学习和适应能力很强，不必过分保护，有一些小磕小碰反而是有意义的成长。

02 藏着咖啡厅的家／山洞之家

李敢

- 性质－设计师自宅
- 家庭成员－父母、女宝
- 面积－130m^2
- 户型－2 室
- 位置－江苏 南京

李敢的家充分植入了夫妻二人的爱好，带有鲜明的特点，同时女儿也能在其中找到别样的乐趣——超大的餐厨区是全家人互动的焦点空间，儿童房也是根据女儿的想法进行的改造。

李敢虽然是建筑师出身，但也是家装设计师、工装设计师，因为热爱咖啡，还开过咖啡店。在他家里，这些职业的影子几乎都可以找到！

130m^{2}的家原本已经是精装修，但厨房面积过于小，而且和餐厅区域划分相对独立，这样的布局虽然可以满足日常使用，但李敢和太太对餐厨区需求大，需要经常在这里烘焙、煮咖啡，孩子也爱在厨房的区域玩耍，于是一个**“宽敞厨房+餐厨一体+能随时和孩子互动”**的设计应运而生。

为了达到功能与舒适之间的平衡，李敢决定改变现有的户型格局，不惜将三室减成两室，扩充餐厨区域。

❶ 李敢的家里，藏着一间咖啡厅。
❷ 原始户型中，与厨房相邻还有间小卧室，这两间房是改造的重点。
❸ 施工期间拆除精装材料的场景。

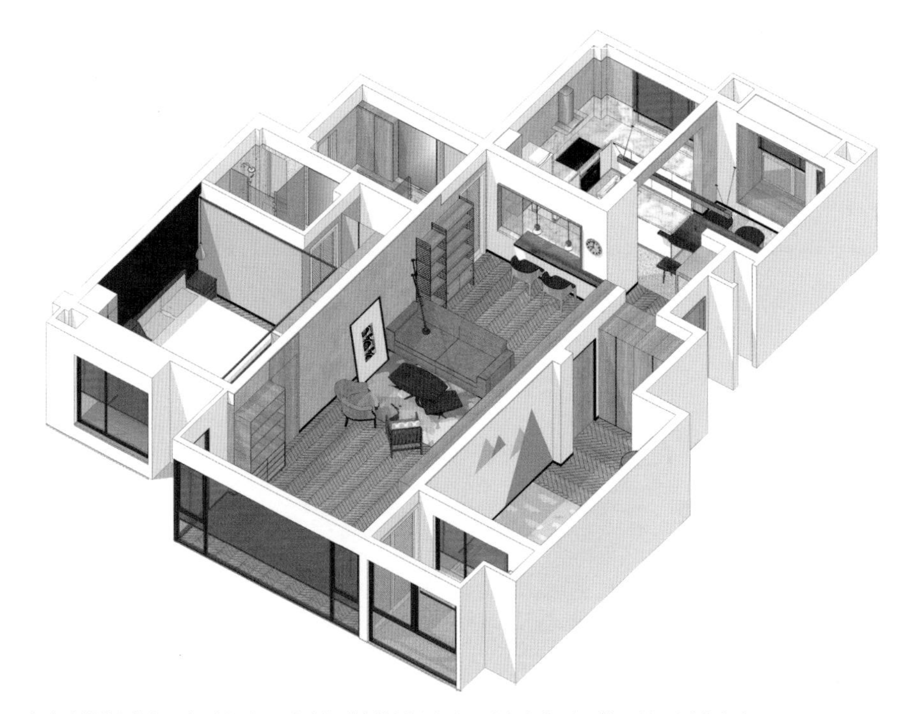

改造后的轴测图。“加法”和“减法”共同的作用下，厨房变大了一倍，并且层次丰富。

改造后，入户右侧的小房间和厨房被打通，李敢在厨房与客厅共用的墙面上做“加法”，封住推拉门的下半部分，上半部分留出一个洞口，变身成吧台。

现在整个餐厨区域成了家庭的精神核心，面积接近家中的三分之一！

区别于入户处的水磨石地面，门口换鞋挂衣处与客厅铺设了木地板，视觉上扩大了客厅的面积，也让室内空间更为完整。木地板延伸到吧台处，考虑到清洁的便利度，又把餐厨区的地面切换成了水磨石。

开放式的吧台方便李敢随时为家人送上一杯醇香的咖啡。吧台设计上，他借鉴了此前在零售店铺设计中用到的金属垭口和长虹玻璃，不仅提升了空间的层次感，还兼顾了采光的通透性。

房子装修时，李敢的女儿一岁半，为了在厨房也能照看、陪伴她，李敢在U型开放式厨房中叠加了中岛+餐桌的设计。

孩子对厨房的渴望是天生的。盆盆罐罐、各式锅具、叉勺碗筷，在他们眼里是过家家的“玩具”，洗洗涮涮、煎炒烹炸，又刚好符合他们喜欢玩水、做饭的天性。但囿于传统住宅格局的设计思路，厨房很少是主角，大人做饭都稍显局促，更不要提让孩子在这里玩了。

李敢家的厨房充分实现了大人和孩子的双重需求。喜爱烘焙的太太有超大的操作台面，对女儿来说，餐桌就是书写涂鸦的小乐园。

❶ 小房间和厨房打通后的餐厨区。

❷ 家中的吧台桌面采用了胡桃木。李敢正在为家人制作咖啡。

❸ 中岛和餐桌相连，一体化的餐厨区不仅用于做饭，也是家人互动频繁的区域。

原来的小房间有飘窗，李敢用木结构做了一圈护墙板，角落里放进了三角形的边柜，里面收藏着家人珍爱的杯盘。

❶ 一入户就可以看到厨房，但为了让回家更有仪式感，玄关处还是精心设计了微景观。

❷ 超大的厨房操作台面，给热爱烘焙的太太留足了发挥空间。

❸ 改造后的厨房飘窗区域。三角形的边柜在实用性上恰如其分，搭配植物让飘窗多了自然的味道。

❶ 厨房里随处可见太太烘焙用的器具，和厨房的整体风格融为一体。

❷ 在心爱的厨房烹饪出的每一餐饭，都别有滋味！

❸（组图）李敢和太太制作的美食。中餐、西点和咖啡都毫不马虎，真的是对吃非常有态度的一家人。

从厨房移步到客厅，围合式会客区和家庭工作区的布局，取代了常规的电视核心布局。这样做的优点在之前介绍文骏的“平等之家”时已经充分展现出来了——人与人之间可以更关注彼此在做什么，工作和玩耍时也能相互陪伴，而不会让亲子关系被电视绑架。

细看客厅，你似乎说不出李敢家是什么风格，这也正是李敢追求的“买手感”。他想打破装修市场对传统美式、日式、北欧风格的刻板印象，特地从欧洲、日本、泰国等地淘回中古、二手家具。

不同风格的家具组合在一起却毫不违和，其实更需要设计师的功力！

❶ 围合的会客区。地板是橡木鱼骨拼地板，墙顶、墙面用了混凝土肌理的涂料。
❷ 客厅里的家庭工作区。工作台搭配了中古收纳书柜。

电视背景墙空出来的位置，李敢家打造成了家庭工作区（这里也和文骏家不谋而合，需要在家办公、陪娃的家庭可以借鉴）。

李敢家的工作区很有特色。因为太太喜爱手工，日常会帮客人、朋友定做靠枕、小包，在家里需要制作手工的工作台，李敢专门规划出了适合手工的墙面和台面。3.4m长的白橡木整板桌面、自制的冲孔板墙面，都方便太太进行手工品制作。

原来的阳台空间也全部划入客厅，扩大了孩子的玩耍空间。

李敢偏爱工业风，客厅和厨房都使用了大量的混凝土、金属元素，但女儿的房间里，他使用了简单的白色、粉色和灰色。

CREATIVE NOTES

❶❷ 工作台的一些细节。

❸ 李敢太太的工具，小林克久的盒子被改造成针线盒，用挪威绣的技法制作的针插。

❹ 李敢太太的作品，运用皆川明布料的零碎边角料制作的拼布抱枕。

❺ 最上方的木梁其实是假梁，里面收纳了李敢太太的布料。时常会有人从海外购买成品布，请她做手工艺品。

“山洞之家”的小档案

性质－设计师自宅

家庭成员－父母、两个女宝

面积－141m^2

户型－3室

一年前，李敢迎来了第二个女儿，三口之家晋升为幸福的四口之家。为了适应新家庭成员的到来，李敢换了面积稍大，空间布局更灵活的新家——**“山洞之家”**。

新家里，夫妻二人的职业特点和需求更为突出，设计上也在儿童房和小朋友的互动空间上用了更多巧思。

空间上，改动最大的依然是包含餐厅区域在内的起居空间。

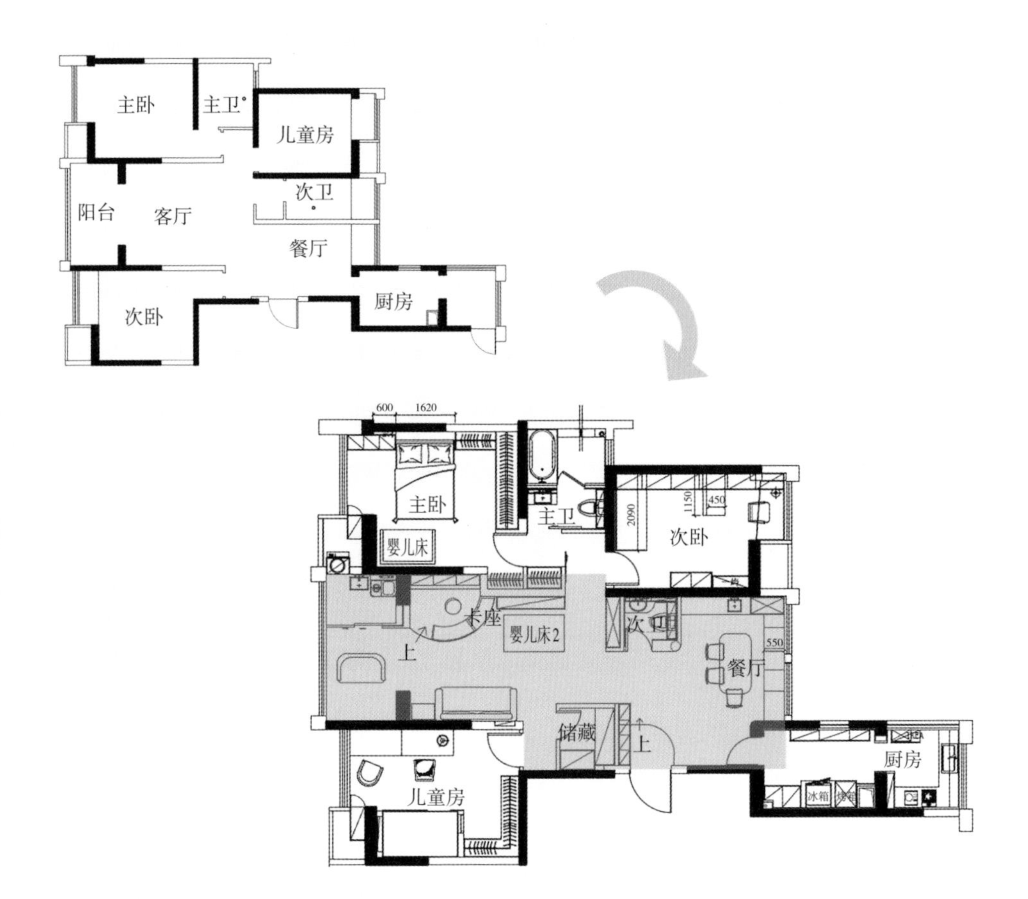

上图是原始户型，下图是改造后的平面图。涂色部分是变动较大的区域。

为了可以和两个女儿互相陪伴又互不干扰，李敢又在新家做了一次“加减法”：起居空间加入了一个相对独立的工作间；公共活动区域像之前一样，向餐厨区靠拢；次卫面积被减小，腾挪出的空间让渡给了宽敞的开放式餐厅。

01 满足夫妻双方需求的两个工作间

客厅加入的工作间是李敢给自己闭关用的“山洞”。

朝向活动区域的是连续的弧形墙面，墙面外侧内凹进了一个卡座，取下书架上的书籍就可以坐在这里翻阅。

墙面上开了个小圆孔，大女儿在爸爸工作的时候，站在坐台上就可以往里一窥究竟。家人之间的互动建立在相互尊重之上，安静的陪伴也变成一种乐趣。

“山洞”中有两个台面，直线工作台方便使用电脑，弧形台面可以用来绘制草图。一把椅子转个圈，两边都可以顾及。

❶ 像筒仓一样圆乎乎的“山洞”工作间。

❷ 李敢在“山洞”中工作。

“山洞”中的内景。

工作间占掉了原本宽敞的客厅面积，形状又不规则，起初我以为是李敢为了回避户型的某些劣势做的折中处理，没想到这就是他特地搭的“山洞”。客厅不迎合电视投影，也就没有必要留出观看的距离了。

来自法国的rochebobois（罗奇堡）沙发，是“过道客厅”的亮点。

在“山洞”的“挤占”下，客厅变成了一个“沙发过道”。空间化整为零，相比传统的长方形客厅反而变得不那么无聊。

客厅里没有过多家具，但一两件好品位的家具就能为空间注入活力。

李敢家摆放的是法国品牌rochebobois的一组沙发“Mah Jong”，读出来就是“麻将”！这个由德国籍设计师汉斯·霍普法（Hans Hopfer）设计的“麻将沙发”被视为现代软体家具的里程碑，还被法国卢浮宫装饰艺术博物馆收藏。

模块化的沙发可以自由组合、并排、叠放，既可以当作沙发用，也可以把它平铺用来半躺，小个头的还可以当边几，李敢就在上面放了小台灯。

因为对布料的偏执，李敢家这款沙发的面料选择了“麻将”和日本设计师高田贤三（Kenzo Takada）的合作款，从古代和服中获得图案和颜色的灵感。

❶ 精心规划的客厅里，李敢和太太互不打扰又相互陪伴。
❷ 客厅再向窗户延伸，是一间茶室。原来房子中的三角柜也在这里找到了栖身之所。

客厅斜对面，是太太的工作间。

这里专门为太太做了手工台，为了工作状态相对不受外界打扰，工作台前设置了一扇隔门，门外摆放地灯和红色沙发，将工作室围合成了一个工作和陪伴都能顾及上的小套间。

小套间外侧的“迷你客厅”里，褶皱沙发是法国家具品牌Ligne Roset的当红沙发TOGO，柔软低矮的设计对小朋友非常友好，大人坐起来也很舒适。旁边的呆萌“Happy Bird”是意大利家具品牌Magis的装饰品。

和“山洞”的思路一样，这间工作间也有两排工作台，面向窗户是洒满阳光的写字台，背过来是手工操作台面。

❶ 书房“小套间”，让互相陪伴成为家中常态。

❷❸ 工作间里的细节。

❶ 李敢与太太在餐厅区域。卡座的高度很适合小朋友学步，也很适合玩耍。
❷ 女儿们的高低床童话世界。和上套房子的设计类似，这里也用了灰粉色调。

工作间之外的重头戏还是一家人钟爱的餐厨区。

卫生间让渡出的面积让餐厅宽敞明亮，咖啡吧台和窗下的卡座围合出了一个轻松的就餐区域。

说起儿时对家的记忆，李敢特别怀念小时候睡的高低床。“上小学的时候就一直梦想可以有一个高低床，于是爸爸动手用角铁和电焊制作了一个，还刷成了蒂芙尼蓝绿色，非常梦幻！上铺可以睡，下铺可以当写字台用。”

这次新家改造，李敢也在女儿们的卧室设计了高低床，大女儿在看施工过程的时候就已经很兴奋了！

颜色选择上，小朋友的屋内尽量都用低饱和色系。孩子的绘本玩具本身色彩就很丰富，不需要再通过家具追求颜色丰富性。

❷

❶ 高颜值的“小厨房”玩具，本身也是一件融入整体家装风格的家具。

❷❸ 高低床的细节。

02 李敢家其他值得借鉴的亲子设计巧思

由于客厅里的卫生间面积缩小，主卧的卫生间就承担了一家人的洗浴需求。浴室里，低台面的设计让小朋友也可以手扶、放置洗浴用品，方便小朋友在大人帮助下淋浴。给婴儿洗盆浴时大人需要小板凳，小朋友洗澡有时也需要坐，低台面下方可以进行收纳。

玄关处的收纳柜置顶，下部留出空间。这样做不仅方便大人小孩入户换鞋，还容易打扫，一举两得。

浴室的细节。

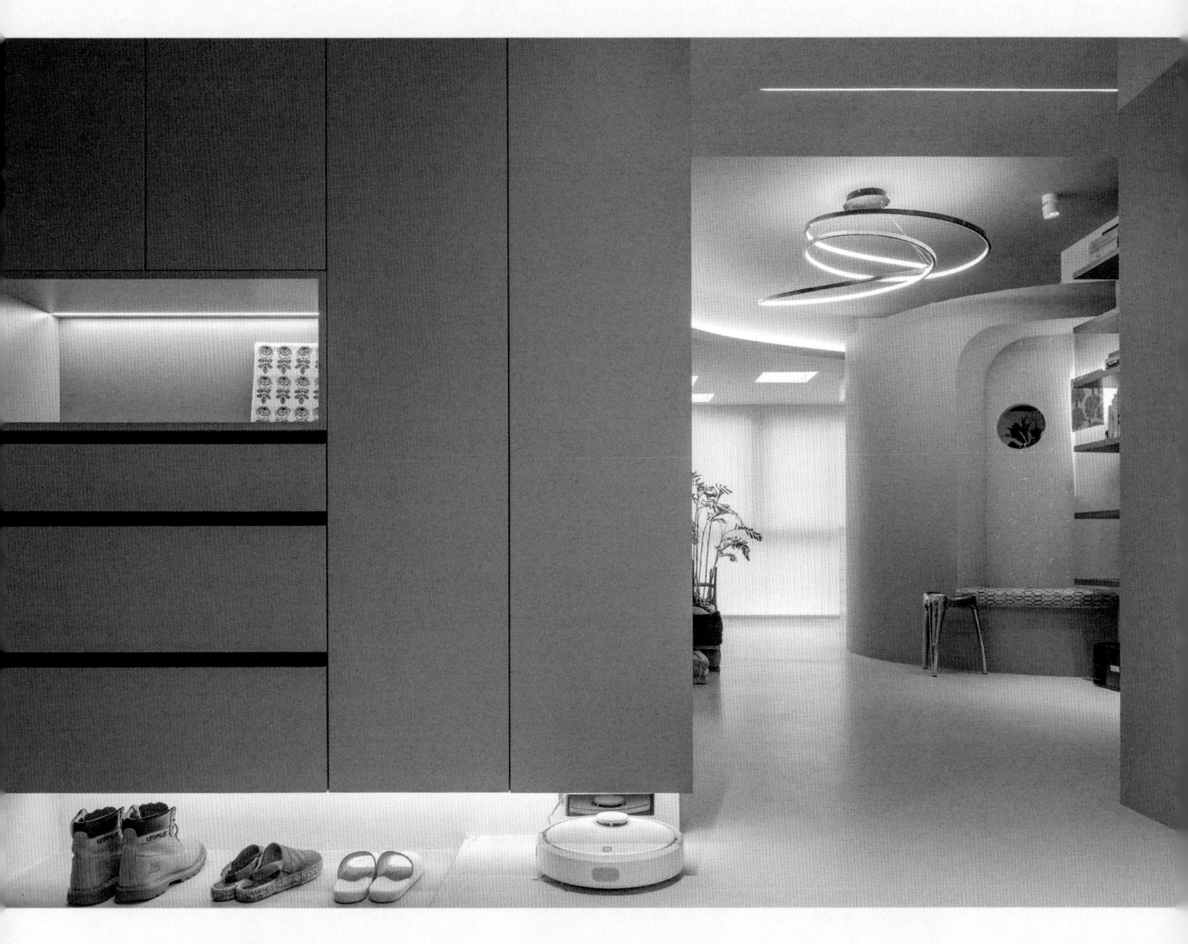

入户玄关细节。

关于李敢

TURING DESIGN

图盈拓新空间设计创始人 设计总监

南京室内设计学会会员

适合亲子宅的家装好物

这里的推荐大多来自拥有好品味的设计师李敢，他拿了多个室内设计的大奖，还是中国建筑文化研究会陈设艺术专业委员会成员。

推荐品主要是近年来从儿童视角和使用效能出发，用心制作、可以陪伴孩子成长的家居品。既有国际品牌，也有国内的原创品牌。这些国际品牌大多已经走入国内市场，甚至开设了线下店，大家不妨多去找找灵感。

家具

Furniture

家具的选择上，清爽、利落、圆润的设计都非常适合亲子宅。大件的家具要考虑到随着孩子的成长，尺寸可以变化，甚至可以改装成其他家具以适应未来的需要，像给日本皇室定制家具的秋山木工，会把婴儿床做成可以拆装成小柜子的版本，孩子长大后可以改装使用。

有条件定制的家庭可能在家具的选择和布置上更灵活，但也有不少零售的家居品牌已经很贴合大多数有娃家庭的需要。比如FLEXA、哈木的房间，专注在儿童家具的原创中，在满足日常需要之上还注入了更多童趣和艺术元素。

Oslo Chair Kvadrat Steelcut Trio椅。

MUUTO

芬兰语里，Muuto是新视野、新观点的意思。他们设计的家具色彩清新、材质多样，充满个性的同时又保留了北欧精神。如果你想让家中利落大方，又不想只挑选IKEA的家具，Muuto的一两件单品就可以让家迅速明媚起来！

AROUND 咖啡桌。

李敢家的橱柜和购物玩具组。

FLEXA

FLEXA诞生于1972年，总部在童话王国丹麦，专注在儿童家具和儿童室内装饰产品领域，家具可以伴随孩子的长大而不断变化。

拿了红点设计奖的POPSICLE 冰柜系列。

DULTON 牙齿凳

来自日本的创意家居品牌推出的个性坐凳。

李敢家厨房的MAGIS“me too”系列PUPPY椅是2019年的圣诞限量版。

李敢家的Happy bird椅。

PUPPY椅。

此外，“me too”系列还有The roof chair儿童椅和Pingy。

MAGIS

MAGIS被称为“改变生活方式的家具”，
始人Eugenio Perazza曾被知名的设计杂
《Wallpaper》选为“10位将改变我们生活方式
人”之一。为儿童设计的me too系列产品充满
趣，俘获了大批人心，也得到了业内的认可。

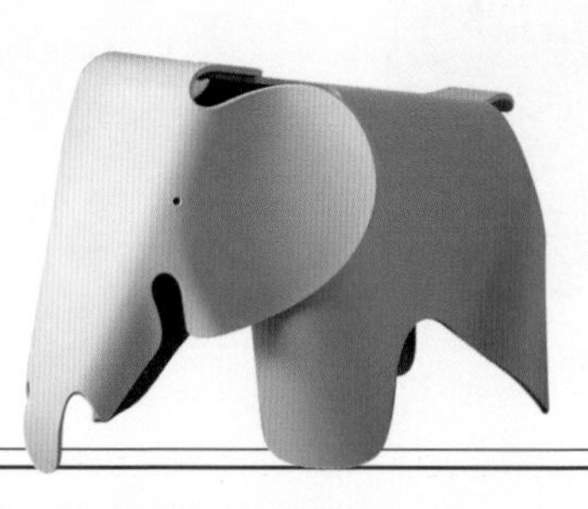

VITRA

vitra品牌的Eames大象椅。

家具

Furniture

》吱音

衣帽架。

》LEANDER

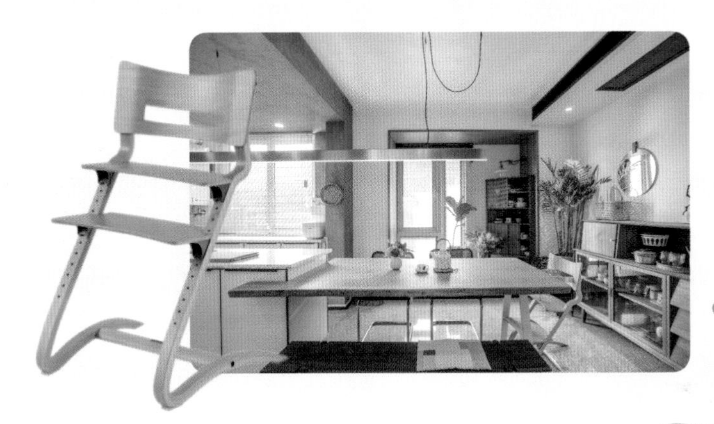

LEANDER品牌的儿童餐椅，在李敢的家中十分和谐。

》点造

哈哈儿童绘本架和大象椅。

猫头鹰柜。

怪兽椅。

Mini小猴椅。

哈木的房间 hamuoo

把朴素的木材玩出童趣的品牌！哈木的房间可以称得上国货之光，珍贵的材质、精致的工艺、艺术品般的设计收获了不少“粉丝”。

把收纳变成奇思妙想的火箭柜。

小笨钟。

PUPUPULA

几几桌。

MAGIS和芬兰玻璃杯品牌iittala联名推出的灯具“Linnut”。李敢家用在了过道客厅中。

灯具

Lamps

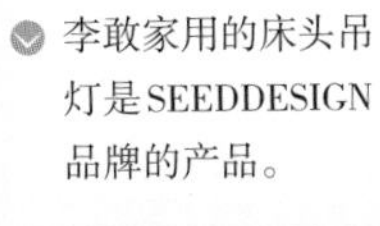

李敢家用的床头吊灯是SEEDDESIGN品牌的产品。

李敢家吧台的大理石吊灯来自品牌本土创造。

皆川明

（日本时装及纺织面料设计师）

皆川明是来自日本的时装及纺织面料设计师，李敢选择了他的兔子抱枕和地垫用在自己家中。

Baghera品牌的童车。

03 阁楼和楼梯盒子

夏云

- 性质 – 设计师自宅
- 家庭成员 – 父母、女宝
- 户型 – 复式
- 位置 – 山东 济南

❶ 阁楼的书架墙，和夏云女儿喜爱的小壁龛。

❷ 兼具收纳、楼梯功能与多种玩法的大盒子。

2018年编写《造宅记——建筑师的理想家》的时候，我就觊觎夏云家的阁楼和楼梯盒子了。

阁楼整面墙的书架让人有浸润在阅读中的快乐，而神奇的楼梯盒子不仅是连接两层楼的楼梯，还是收纳和玩耍的“集大成者”。这两个设计中把很多玩法都考虑进去了，再加上夏云作为建筑师设计了不少亲子空间，对儿童空间设计颇有经验，很多细节都处理得很有趣。

夏云本身的职业是老师，对儿童启蒙非常关注，还和同在包豪斯求学的丈夫开设了KUBU工作室，带着小朋友一起搭建。现在她7岁的女儿动手能力和想象力都很棒，他们夫妇俩如何在家带女儿和小伙伴们玩出花样一直是我想请教的问题。

夏云说自己是在机关大院里“野生长大”，记忆里的院子有棵大杨树，因为经常盖平房，随处可见红砖、沙子、泥巴……这些就是她最熟悉的户外玩具了。

“我喜欢在沙子地里挖洞，然后往里灌水，塌了再挖，把洞用各种方式连接起来；用红砖垒炉子，生火玩。”

“洞”似乎是个让她有着深刻童年记忆的空间。夏云家里的第一套房子和她常住的姥姥家都有特别奇特的布局，就是在床的旁边有一个嵌入到墙里的洞。她在洞里放了一个台灯，常常在黑漆漆的夜晚偷偷看闲书，小学三年级就“顺利”带上了眼镜。

后来夏云在学生时代做的设计，以及她在做自己家改造的时候，“洞”都是她特别喜欢的一个主题。因为这个爱好，她还带着孩子特意去法国的拉斯科山洞探索人类的“史前洞穴”。

回忆自己的童年，同时观察孩子的行为特点，夏云发现孩子也非常喜欢用枕头、雨伞、纸箱子给自己建造庇护所。

“也许不只是我携带了人类许久之前的记忆，她也一样，我们就是喜欢搞洞洞。待在这个黑暗，却充满安全感的狭小空间里，给了我们精神上极大的满足。也许这是婴儿期在母体内的记忆，一个黑暗的、四处碰壁但安全的地方，谁知道呢？”

因此，遵循着“小孩子不见得只需要窗明几净的阳光房”的想法，夏云和孩子一起在家里搞起了空间实验。

刚装修好房子还没有太多生活痕迹时，摄影师帮她家拍了一组照片。阁楼的书架墙、低矮屋顶下的“洞穴”和楼梯盒子都是考虑到孩子喜爱“庇护所”特意设计的。

然而真正的亲子住宅肯定不只是好看图片上的摆拍，夏云家里实际生活中的状况是接下来家人抓拍的样子。这些专门给孩子搭建的游戏场所，夏云家是怎么用起来的呢？

01 读书空间里的『违章建筑』

夏云女儿3岁时，这里还是过家家的小窝。等到7岁时，这个空间被她改成了“餐馆”，因为她迷恋上了服务行业。

在这个小“餐馆”里，女儿喜欢把食物从上面用吊篮放下来。夏云经常顺便跟她练习英语，玩英语小餐厅的游戏。

“她还经常把这个读书的空间自己搭建成一个小屋，成为家里的违章建筑。在里面放一盏灯，玩手影游戏。有时候，猫也喜欢在那里睡觉。”

❶ 3岁时对阅读空间的利用。
❷ 壁龛在女儿长大后成了“餐馆”。

❷

现在，二楼的整个地面都是女儿的工作区域。“为了昆虫屋的项目，她把材料铺了一地。可以把整个地面当成工作台，非常奢侈，也很痛快！”

因为空间宽裕，阁楼几乎“想怎么用，就怎么用”。女儿画画，夏云就在旁边看书、拉伸。

❶ 阁楼是女儿可以任意发挥想象的地方。
❷ 夏云和女儿一起在阁楼。
❸ “强迫”猫住在小屋里。

02 楼梯盒子里的『超市』

楼梯下的小空间，是夏云女儿的藏宝地。3岁时，女儿就在楼梯盒子里开了个小超市。4岁时，喊上小朋友一起玩超市游戏。盒子外延的平台，也成了玩起来很顺手的桌子。

能在家中刻意留白，制造“洞穴”，带着孩子“折腾”，和夏云对亲子空间的态度密不可分。

❶ 楼梯里是超市，盒子侧面的开孔是买卖的小窗口。

❷❸ 和朋友一起在楼梯盒子里玩耍。

❹ 一个台阶的高度，对小朋友来说就是桌子了。

当我提及大人和孩子在使用空间时是否会有格格不入的地方，夏云说亲子空间其实和家人的价值感、生活方式紧密相关，而设计有孩子的家，一定是可以适应变化的。

3岁之前的婴幼儿，3~6岁的学龄前儿童，和6岁以上的孩子之间，不仅仅是身体发育的个头变了，更加是心理、行为方式的变化。家里不可能每3年装修一次，那么最好给空间留出发展的余地，不是为孩子定制一个固定的空间，而是让空间伴随着孩子成长也成长起来。

极简的空间虽然好看，但代替不了真实的生活。夏云说女儿把画贴在盒子上觉得开心，那就贴。

关于夏云

经常“不务正业”的建筑师和教书匠

爱读书、旅行、看电影、跟小孩玩

多变的趣味，源自父母的观察

现在，社会整体对儿童心理、教育、亲子关系、父母自我成长这些话题的关注度越来越高，但夏云却感觉设计师在这方面似乎有些落后。

“设计师除了掌握各类硬核知识和经验外，在住宅的亲子空间上更应该关注的是人，而不是单单看空间本身。”

我们如果把自己视作设计师，运用夏云的“适应成长”方法论，除了留间大空屋，还有其他的方法吗?

夏云觉得，空间是一个孩子除了父母、学校的第三位老师，空间影响着孩子，孩子也在塑造空间。每个孩子生来都各有不同，需要用心观察个体的行为习惯和喜好。

首先，要了解儿童的普遍行为和心理特点。

某个特定年龄段的孩子都有一些普遍的特性，比如5～9岁之间，多数孩子都喜欢大动作，从床上甚至高架床上往下跳，沙发变成蹦蹦床。这个年龄段的很多孩子喜欢躲藏空间，小的、半密闭的、有些黑暗的、有安全感和包围感的空间。

其次，要适合“这个”孩子的独特性格特点。

有的孩子，比起施展大动作，更需要有独处的阅读空间，精细手工工作的空间，这是需要家长发现的。比如在一家托管中心的设计中，为了给这部分孩子提供安静发挥想象力的地方，夏云做了一面“万能洞洞墙”。时下不少教育理念用到的教具五花八门，洞洞板可以方便各种管子、齿轮、积木“上墙”，孔洞本身也符合孩子对细小物品探索的天性。未来不当玩具，洞洞板还可以像李敢家的冲孔板一样收纳大人的用品或者作为装饰板。

最后，要能让孩子在空间里留下自己的痕迹。

有的孩子天生喜欢改造空间，这时候，最好给他一个有改造条件的空间。让他留下自己的痕迹。就像我们小时候的房间里也会贴满海报，挂满自己喜欢的照片或者饰品。

夏云说，肯定没有一个适合所有孩子的通用设计策略，家长们/设计师需要有观察儿童的能力，“不是问他们，而是观察”。通过观察来看一个孩子在独处时，或者跟其他人互动时的状态，进而决定什么样的空间适合他/她。

陪伴成长的亲子住宅设计术

04 地下图书馆之家

夏天

性质 – 为业主设计

家庭成员 – 父母、女宝

户型 –300m²

位置 – 上海 青浦

一个人的童年记忆往往会影响日后对空间的价值判断。

研究建成环境如何塑造人类的美国建筑评论家莎拉·威廉姆斯·戈德哈根，在她的《欢迎来到你的世界》中提到，与一个地方有关的记忆感觉成分，会在你评判另一个感觉相似的地方时，产生极大的影响。

这代表什么呢？如果童年经常泡在散发橙棕色光芒、生机盎然的家里，随时能感受到家人带来的安全感，日后仅仅是想一想那幢房子，或者家的模样，身体就会洋溢温暖而幸福的放松感。

这种通感也可以进一步延伸，比如童年家中被书环绕，孩子潜移默化也会将书作为日常的一部分，而不是把阅读当作需要“死磕”和被强迫做的事。

擅长亲子住宅空间的设计师夏天就有这样的儿时记忆。小时候家里有一面大书墙，上面有很多中国古典文学、俄罗斯文学的书籍，她从小就喜欢在书墙边看书。家里的客厅不放电视，平时父母陪着她在起居室写作业，这些良性的亲子互动逐渐形成了她设计的价值观。

当她接受客户委托设计住宅时，书墙、亲子共处环境营造也是她关注的重点，而拥有这些特点的住宅空间，也会对下一代继续产生积极的影响。

这个位于上海青浦的三口之家，本身已是精装修别墅，层高近5m，开发商附赠了一个超大的地下室。

由于别墅地上还有300m^2，而且是精装交付，这部分就足够全家人生活和居住。面对这个超大的地下室空间，业主反倒有些束手无策，一开始的感觉甚至是有些“鸡肋”——装修需要投入不小的预算，但是如果采光和潮湿等因素处理不好，又得不到很好的利用。

经过和业主的讨论，夏天发现，由于业主全家每天出行主要靠汽车，相比一层的主入口，其实从地下室出入更频繁，因此把地下室变成第一客厅的想法应运而生。夏天的设计目标也很明确：一个是要消除地下室的“地下感”，另一个是充分利用层高优势创造出适合孩子的有趣空间。

地下室全景，明亮的环境让人难以想到这里是地下室。

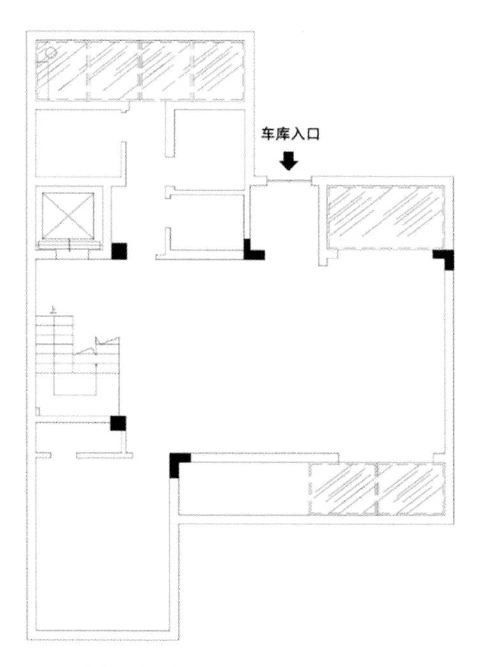

地下室的原始平面图。

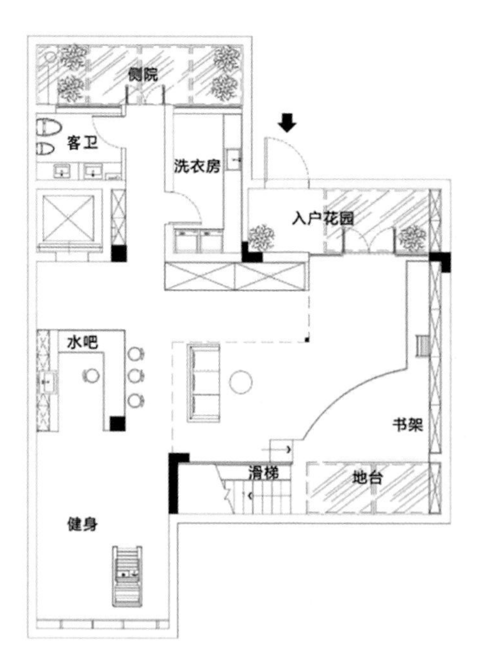

改造后的地下室平面图。

夏天以英国国家图书馆巨大的书架为灵感，在地下空间装进了一座充满阳光、知识和活力的“图书馆”，同时还满足了保姆房、洗衣房、收纳等辅助功能。

从地下室进入，在玄关处还没进门，已经能感受到扑面而来的阅读氛围。

紧邻钢窗的就是通顶的书架。宽达6m的书墙和阅读区，让孩子可以在这里尽情看书和游戏。

因为没有改变层高，书墙上半部平常不方便拿取物品，夏天效仿老图书馆的做法，安装了滑轨，让这里又多了一丝复古的气息。

为了改善通风和采光，地下室结合上层的结构特点增加了三个带天窗的采光庭院，消除“地下感”。仿佛是三道天井，分别在通往车库的入口、通向一层的楼梯处和主要的功能空间处，让这里的每一寸都得到充分的光线。

除了阅读，地下室还设置了很多游戏空间。在规划的时候，夏天就做了很多研究，了解了孩子在成长过程中不同的发展期，会用各种不同的方式表现对世界的好奇，比如色彩敏感期、空间探索期。

为此，她特地在楼梯下方做了一处“秘密基地”，尺寸只有孩子能爬进去，这种“洞穴”我们在夏云家也看到过，很适合有楼梯的家庭设置，孩子大了也可以作为收纳空间。

即便没有楼梯，还是可以在墙壁“挖”出一个卡座。比如夏天在书墙另一侧隔出的楼板下，做了一处房子造型的内凹卡座，很适合亲子阅读。

和书墙相对的空间不再坚守通高的格局，而是用钢结构搭建出了局部隔层，增加使用面积，削弱了直接爬楼到地面部分的负担感，也让这个超高的空间更有层次。

墙面使用硅藻泥，地面是水磨石，与大面积的老钢窗相搭配。墙壁上的壁灯方便光线不足的时候进出。

❶

改造后的地下层

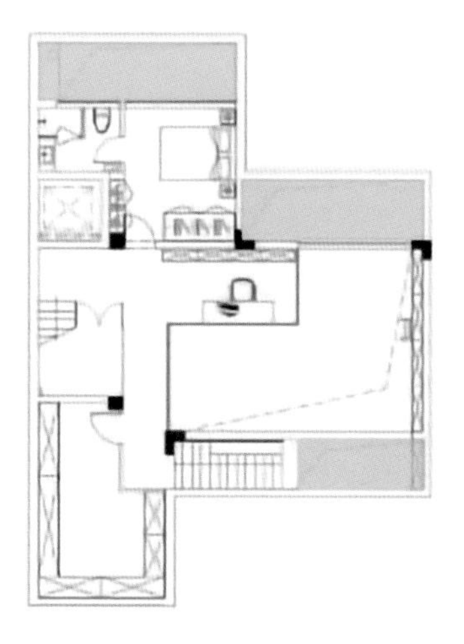

改造后的一层

❷

❶ 被抬高的地台不仅是阅读区，也是孩子玩耍的小天地。
❷ 绿色的部分就是三道天井。
❸ 藏在楼梯下的秘密基地。
❹ 收纳柜中的伴读空间，灯带让阅读更有气氛。

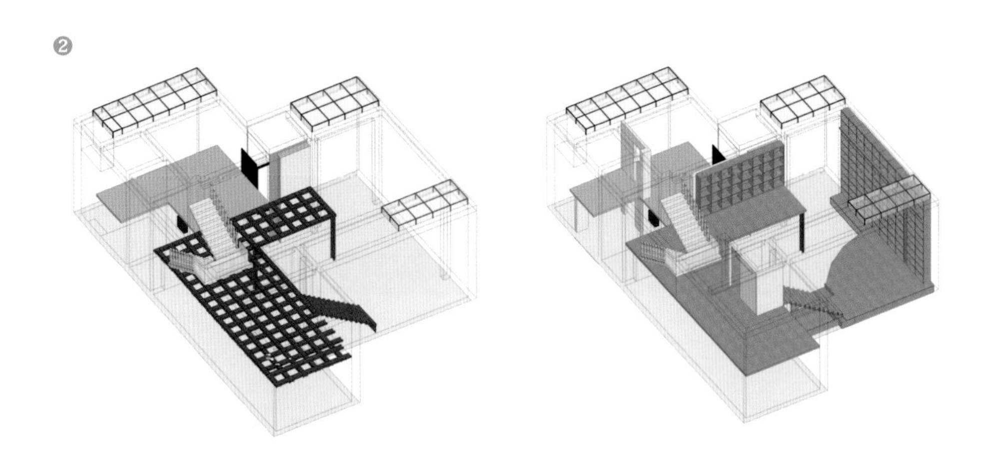

❶ 隔出的楼板下，是另一处小天地。
❷ 红色部分是钢结构加建的部分，木色为地下室中的阅读空间。
❸ 通往隔层的楼梯做成了台阶+滑梯，又增加了一层玩乐的趣味。
❹ 加出来的阁楼。

隔层的部分是大人的书房，工作室可以相对不受打扰，又能和孩子共处一个空间相互陪伴。通过玻璃栏杆，孩子也能看到专注工作的父亲。

这个阅读氛围浓厚的地方，虽然是地下室，却是可以兼顾大人和小孩需求的共享空间，邻居家的小朋友都很喜欢这个地方。这里俨然已经超过起居室，成了业主家里利用率最高的地方。

隔层的书房。

关于夏天

丹麦皇家注册建筑师
诺丁汉大学建筑系教授
夏天设计工作室创始人

防范安全事故，但不过分保护
——家中的安全小常识

为了给孩子提供一个安全的生活环境，很多父母会选购防撞、防磕碰的软泡沫地垫，并仔细包好每个桌角。其实与其被动弥补，不如主动选择可以预防伤害的设计。

从设计角度来说，锐角、锋利、坚硬突出的物体，以及缺乏儿童保护的外窗等是应该避免的。夏天老师建议设计空间的时候可以更偏向弧形的柔软风格，比如拱形设计的房门，最大限度地防止儿童玩耍时的磕磕碰碰，也便于实现空间最大限度的通透性，方便父母对孩子进行监护。

如果选购了玻璃台面，要做好防割手处理。采用透明度比较高的玻璃门时，要在孩子视线（以及成人视线）上做可视化放撞标识处理，避免小朋友奔跑时直接撞击造成危险。

而家中一些已有的台阶、高度适中的平台等，没有必要特意处理成无障碍的平地，让孩子在这些可控的“危险”中学习危险意识，学会观察、判断和重视潜在危险，其实比说教管用得多。

如果像“地下图书馆之家”一样做了室内滑梯，夏天老师建议在滑梯两端增设扶手，且注意滑梯的角度，一般采用30°～40°是比较有利于儿童进行玩耍的。滑梯的材质方面，一般推荐实木滑梯，坚实耐用，不会划破孩子的皮肤。

装修材料上，地面可以用软木地板，墙面可以试试皮革质地的护墙板，既可以实现空间视觉体验上的美感，也更柔软。

细节上，插座开关高度尽量避开低龄段小朋友手触的高度，并选用安全盖板插座。家具物品等也可以选择隐藏金属零件的设计。

另外，如果家里安装了大型娱乐设施，家长要教导演示给孩子如何安全正确使用。

陪伴成长的亲子住宅设计术

05 四胞胎之家／墙宅

立木设计（主持设计师 / 刘津瑞）

性质 - 应节目邀约设计

家庭成员 - 父母、龙凤四胞胎

面积 -60m²

位置 - 上海 闵行

小空间里住着多个小宝贝，要如何解决生活难题呢？擅长亲子空间设计的立木设计合伙人刘津瑞接到了一个特殊的“任务”，帮助蜗居在60m^2的四胞胎七口之家进行房屋大改造。

四胞胎心中梦想的家。

十年前，杨春燕和于万里夫妇因为大女儿的先天性疾病获得了生二胎的资格，意外生下了概率极低的龙凤四胞胎。

“抚养四个孩子比想象中更为艰难”，四个小家伙的出生让这个原本并不富裕的家庭捉襟见肘，上海市民的热心帮助，让四胞胎能够健康茁壮地成长。出于感恩，夫妇便将四胞胎起名“东东”“方方”“明明”“珠珠”。

十年后，四胞胎“东方明珠”十岁了，但生活的压力让这个七口之家只能蜗居在上海城郊的一套小两室的出租屋内。

七口之家已经在这个几乎是毛坯状态的出租屋内居住了八年，因为经济状况不佳，家里没有几件家具，显得空空荡荡。原本极少的生活物品因为缺乏基本储物空间而随处堆放。七个人共用一个卫生间，四个孩子在早晨不得不排队上厕所。狭小的餐桌甚至坐不下一家人。

虽然父母把最好的南向主卧给了孩子们，蜗居在北向仅8m^2的次卧，但四胞胎们还是只能两两挤在并排的两张床上，留给寒暑假从老家过来的姐姐能住的只剩下尴尬的客厅。

改造前屋内的情况。

受东方卫视《生活改造家》栏目第一季的委托，立木设计要在60m^2内尽可能解决这些居住难题：增加一个卫生间；为四个孩子提供学习、休息、活动的空间；为寒暑假从老家来的姐姐也设计一个睡觉的地方；还需要配备一定的收纳空间。

对普通人家来说，这个改造的情形可能有些极端了，但立木设计明确的思路非常值得小户型有娃家庭借鉴：

① 优先进行整体设计而非局部装饰；
② 为父母、男女孩设计相对私密的空间；
③ 营造亲子氛围的趣味和仪式感。

我们一个一个来看。

01 整体设计

相比室内软装，整体设计需要我们从建筑师的眼光出发，先不去在意一面墙、一张床、一排柜子的位置，而是力求消解房间的分隔以追求空间的流动和视觉的通透，这和时下流行的“洄游动线”概念不谋而合。

由于房间是租住，不能改动大格局，整体设计就更为重要。睡觉、吃饭、储藏等不常用的功能尽可能压缩、折叠，甚至是隐藏，而承载着家庭大部分活动的公共空间需要放大、打通。

改造后的家，包括亲子厨房、两个卫生间、客厅（包含客卧）、父母卧、男孩卧和女孩卧，在60m^{2}的空间内做到了应有尽有，尺度宜人。

以一条跑道作为线索，立木串联起了家里的各个空间。这个思路的灵感来自四胞胎的名字“东方明珠”，四胞胎之家和上海一直有着深深的情感联系，以东方明珠之下曲折蜿蜒的黄浦江为原型创作的“跑道”，既是空间的线索，也是一家人和上海的情感纽带。

地面不是常见的地板或地砖，对于装修预算不高的家庭可以考虑PVC地板，选择相对厚实的款式，一方面便宜耐用，另一方面具有弹性，即使孩子意外摔倒了也不用担心。

客厅是承载着四个孩子活动的区域，可灵活使用的面积被尽可能放大，餐桌隐藏在墙壁中，使用时再放下来。

改造前后对比图。改造后明黄的色带是串联起整个家的线索——象征黄浦江的跑道。

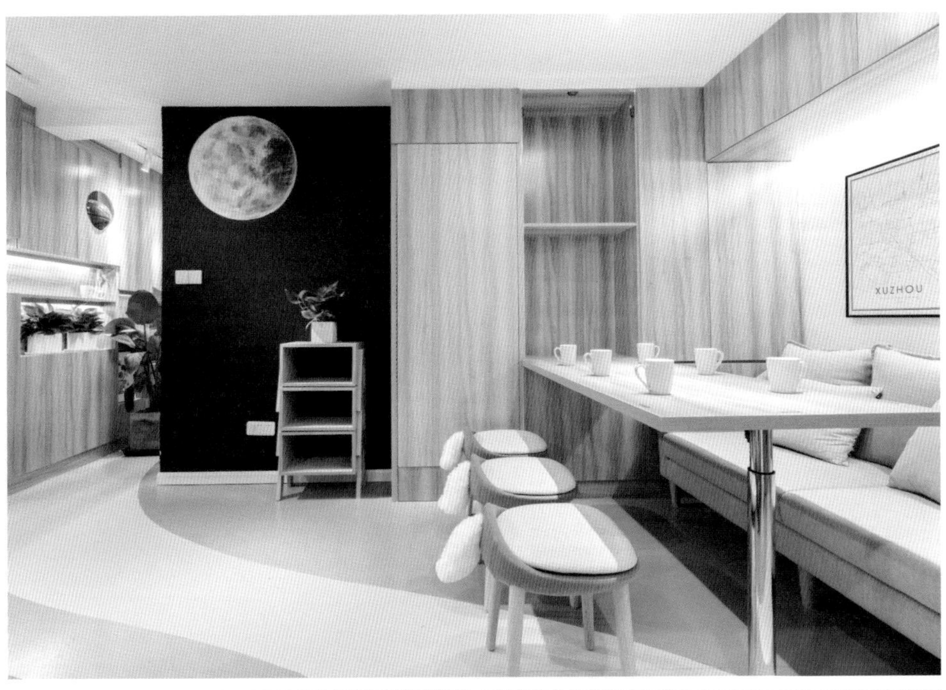

贯穿不同房间的“跑道”。对于装修预算拮据的家庭，PVC地板是不错的选择。

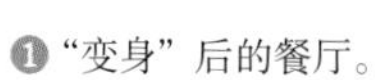

❶“变身”后的餐厅。

❷ 地面PVC地板+消音地毯+鹅卵石抱枕将四胞胎活动时对楼下的干扰降到最小。

餐桌收起后，整个客厅都变成活动室。

四胞胎之家中，卫生间、厨房迫切需要解决多人同步使用的诉求。通过家具尺度的改变，比如用极小尺寸的水槽、台面，这个问题迎刃而解，房间逐渐好用起来。

比如亲子厨房中，极小水槽宽260mm（普通为450mm），极小台面宽400mm（普通为600mm），使用八边形转角小菜板（普通为长方形）等。厨房的面积虽然缩小了，但使用感受反而变好了，U型厨房的设置还给了孩子和父母在一起做饭时相处的时间。

一分为二的厕所，麻雀虽小，五脏俱全。极小尺寸的三套台盆、两个马桶、两套淋浴和一个浴缸彻底解决了一家人早晚高峰的使用难题。甚至在晚归的深夜，父母还能泡个澡消除一天的疲劳。

解决了活动和厨卫难题后，下一步是让四个即将进入青春期的娃都能有相对私密的空间。

❶❷ U型的亲子厨房和卫生间都用了极小尺寸的台面或台盆。

❸ 客厅储物格旁的隐藏门，通向另一个卫生间。

02 巧用层高和移动家具

男孩儿的房间在入户玄关的左手边，充分利用了层高，将学习和休息进行分隔。

爬梯背后设置了“滚筒”，充满了动感的气息。

女孩儿的房间和父母卧室相连，考虑到白天和晚上的功能变化，用移动家具来解决。

白天父母不在时，可以滑动的柜体被推向客厅一侧，腾挪出姐妹的活动空间。夜晚全家人就寝，再将柜台挪回，就变成了父母的卧室。

两个男孩的房间。

HOME
CENTURY
START SMALL

❶ 上下分区保证了每个人睡觉、活动、学习的独立区域。

❷ 隔而不断的“滚筒”作为空间分隔。

❸❹ 从滚筒看向客厅。

❺ 墙壁上的开孔和客厅相连。

③

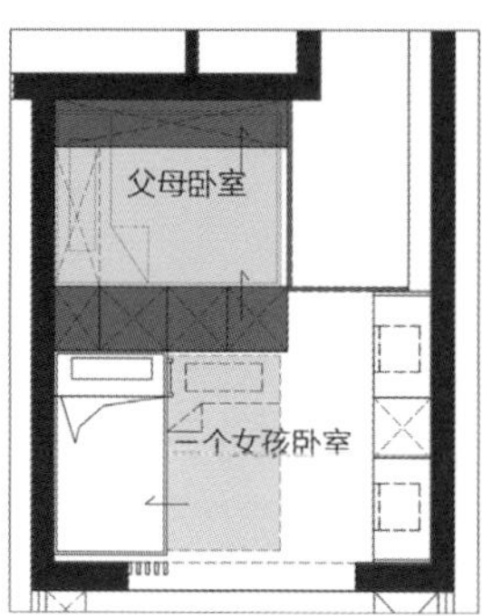

睡眠模式－独立房间

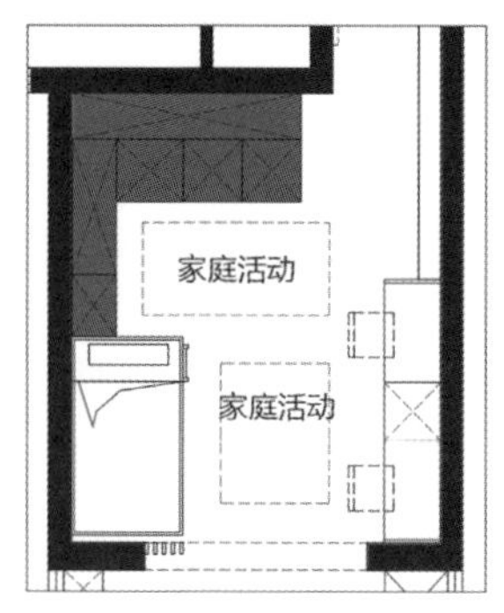

生活模式－完整大空间

❶ 女孩们的卧室。
❷ 上下铺下方还可以抽出一张床，为假期来探亲的姐姐预留。
❸ 通过可移动的家具切换睡眠模式和生活模式。
❹ 移动柜体“夹”出的隐藏空间。是无奈之举，也是父母之爱。

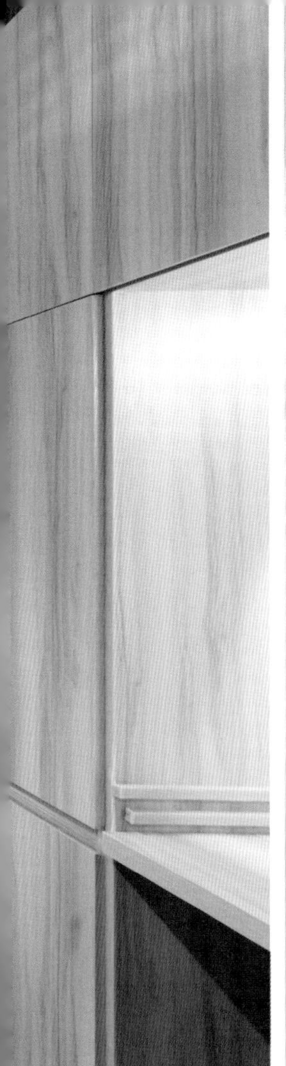

03 空间再小，也可以埋下有趣的伏笔

走廊里的窄墙。

只通过微小的改动，单调的空间也可以变得有趣。这个家的“彩蛋”就藏在过道的储物墙上。

连接卧室和客厅的这条走廊里，设计师置入了满墙的窄柜，深度大约是一个盆栽的直径。在增加储物空间的同时，也不至于影响走廊的宽度。在窄柜的柜门上，设计师“挖”出了很多洞，可以分别收纳四胞胎常用的球类、玩具、书籍等物件，既是一种装点，也希望以此能帮助四胞胎养成良好的“物归原位”的使用习惯。

在准备这本书之前，我翻译了一本《住家植物》，鲜活的绿植确实是治愈、舒缓人心的不二之选，同时也是性价比最高的点亮空间的“单品”了。而四胞胎的家里，立木设计就预留了这样一个植物角。

阳台的这个立体植物园里种着小番茄、辣椒、草莓、薄荷、冰草、芹菜等植物，一派“童孙未解供耕织，也傍桑阴学种瓜”的恬然状态。这里栽种的植物不少都可以入菜，设计师也叫它“可食花园”。

❶ 阳台上的立体植物园与秋千。
❷ 从卧室看向阳台的“可食花园”。

对植物和户外环境的向往，大概可以从立木设计合伙人刘津瑞对童年的回忆找到踪迹。他的童年在长江中的一个小岛长大，学校就在江边上，每年都会组织全校师生去江边野炊。

“我从小到大没有上过任何形式的补习班，放学之后就是和小伙伴们玩耍，整个童年的记忆都与田野、树林、江滩有关，充满了快乐和自由的气息。”

“春天的江滩，到处都是马兰、芦蒿、芫荽等野菜，也很容易抓到小螃蟹，和爸爸一起去江滩吹吹风，顺便摘一些野菜，回去妈妈就会把它们变成晚餐。以至于到现在，每次吃到芦蒿炒香干，都仿佛回到了童年的江滩上，但现在城市里买到的芦蒿大多都是大棚种植的，与野生的风味还是有很多差别。”

无拘无束、快乐、自然——小朋友的期待原本就是如此简单。“面积”往往束缚的是成人的感受，对孩子来说，只要拥有父母的陪伴就是最好的童年。

被趣味和爱填充的四胞胎之家。

墙宅

性质－为业主设计

家庭成员－父母、长辈、男宝和新生儿

户型－180m²

位置－上海 嘉定

与四胞胎家庭面临的空间问题不同，立木设计在嘉定为多口之家的设计反而要解决“面积大显得冷清”的难题。

房子是一套四房一厅的精装交付公寓，50m²的巨大客厅是建筑设计诗意的留白，厅大而房小，无奈之下显得冷清。业主夫妇期望在这里能有两个孩子自由活动的天地，更能有家乡桂林的山水形神。

❶ 墙宅中，“墙”占据了客厅一小半的面积。
❷❸ 改造前的客厅。

大客厅难免给家人之间带来距离感，亲子宅尤其如此。设计师的化解办法是用一片6m长的“墙”在客厅里画了座“山”。

墙与山使原本大而空的客厅焕然一新：山上有平台和阶梯，山下有洞穴和球海，山前有延展的吧台和呼啸的滑梯，山后还有躲猫猫的山洞和望天的吊桥。

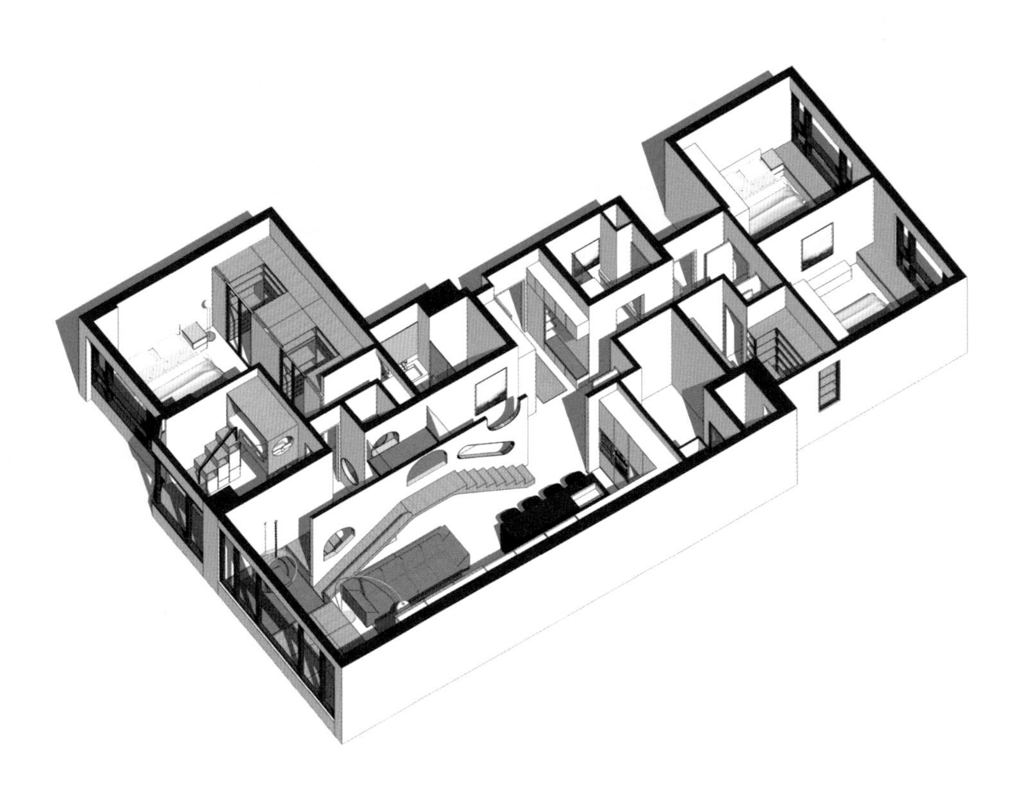

墙宅轴测图。一片“墙”被置入客厅中，倚着墙“画”了座山。

在这座“山”上，五个形态各异的洞口描摹着山水的形神，孩子们每天“翻山越岭、爬树钻洞”成为一种常态，原先空旷的客厅被欢声笑语填满。

客厅侧的墙上除了形态各异的洞口，还有一道集合了楼梯和滑梯的动线，这也是设计师特意引入的环绕式路径：爬上楼梯—滑下滑梯—在海洋球池中嬉戏—从沙发后的洞口钻出来或跑回楼梯再来一组运动。

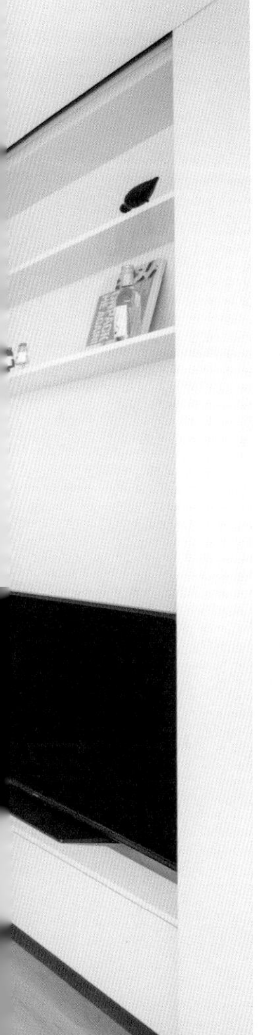

❶ 墙体使客厅的距离感缩小了，围绕墙体，两个孩子可以“翻山越岭”。
❷ 墙上有形态各异的开洞。

❶❷ 可以爬上滑下的环绕式路径，大人还可以直接在洞口和孩子嬉戏。
❸ 客厅台面如水面般深邃，倒映着墙上的活动。

墙虽有趣，但单一的路径也难免使人疲倦，于是设计师在墙上飞架起一座玻璃和绳网建成的桥。这就为爬上楼梯后的活动增加了可能：除了滑下滑梯，还能穿过廊桥，钻过洞口，像人猿泰山般滑下缆绳，再躲进洞里睡上一觉！

❶ 墙后的吊桥飞架在客厅和走廊之间。

❷ 墙后的吊桥和山洞。

❸ 阳台与客厅连为一体，地面被抬高，这里成了亲子阅读的好地方。电视柜设置了滑动移门。

❶ 儿童房。
❷❸ 儿童房与墙后洞口框景。

插入的墙不仅消弭了尺度上的疏离，还化解了超大空间里隐私缺失的尴尬。吧台、楼梯、台阶、滑梯、平台、廊桥、树洞、吊椅等等，这一系列微小日常的空间像是海绵里的空隙，容纳着整个家庭活动的无限可能。

厅大而房小，不足5m²的儿童房也需要精心布置。设计师将房间一分为二，上寝下居，乐高板挂于墙上，学习玩耍休息生活一应俱全。

关于立木 / 刘津瑞

立木设计合伙人

毕业于同济大学

连续三届被世界建筑师大会邀请分享项目和研究成果

立木设计团队对0-16岁的空间业态有丰富的经验

亲子宅的动线设计

亲子宅是否有最佳的动线呢?

其实不论家中是否有小朋友，合理的、符合家居习惯的动线设计都是必要的。比如进门先在玄关处换鞋帽，之后连接换衣间换衣，或者连接家政间，再之后进入客厅。夜间，经过洗漱间之后接着进入卧室入睡。

在此基础上，多了小朋友，有些环节可能需要我们额外再多些心思。

0～3岁的阶段，入户区域要先将婴儿车、滑板车、平衡车这类孩子的用品考虑进去，在玄关换衣间、家政间预留好位置，否则就容易出现门口堆放婴儿车，甚至占用楼道公共空间的现象。

3岁之后，童车的使用频率越来越低，入户清洁（洗手、更衣，疫情特殊时期还需要消毒）显得更为重要。相比于换衣间，家政间的功能更多元，尤其是习惯入户就换家居服的业主，换下的衣服可以临时挂起，或者直接投入洗衣机。如果能顺带加入一个洗手池，入户的清洁动作便可以一连串完成。现在接收快递包裹越来越频繁，家政间也方便存放还没来得及拆的快递。

“间”不代表一定有个房间作为入户的过渡区，之后要分享的“59m^{2}的四口之家”就是在门厅完成入户的几乎所有清洁动作。

时下经常被提起的“洄游动线”，也很适合亲子宅。在形式上可以将常用的各个空间之间的联系打通，比如卧室、客厅、餐厅、游戏室，给孩子足够大的活动空间，视觉上也更为通透。循环的动线设计，可以让儿童不停地来回于各个空间，更符合孩子好动的天性。

多个孩子的家里，打造洄游动线之余，可以尽可能放大活动、学习以及和家人共处的空间，将利用率不高的功能折叠起来。

陪 伴 成 长 的 亲 子 住 宅 设 计 术

06 59 m^2 的四口之家

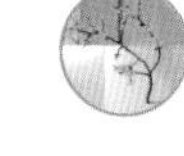

恒田设计（主持设计师 / 王恒）

性质 – 为业主设计

家庭成员 – 父母、双胞胎男宝

面积 –59m^2

户型 –1 室

位置 – 北京 海淀

$59m^2$的一居室，住一家四口实在算不上宽敞，但在设计师王恒的改造下，年轻的夫妇带着双胞胎儿子，一家人收纳、娱乐、起居样样都舒心又愉悦，不仅设计感满满，生活也有品质，这是怎么做到的呢？

房子本身面积不大，但业主的居住难题并不像“四胞胎之家”一样极端，所以“折叠”不是上上策，毕竟日常生活中大部分人还是偏向整体的稳定感，家具来回变形相对费体力，主人也容易消磨掉起初的热情，渐渐就固定成一种模式让变形家具形同虚设了。

双胞胎家原本户型是一居室，人数增加势必对收纳和卫生间有更高的设计要求，解决好这两大难题，就不愁居住的舒适与便捷啦！

不大的户型里，只要规划合理，动线流畅，也能提高生活品质。

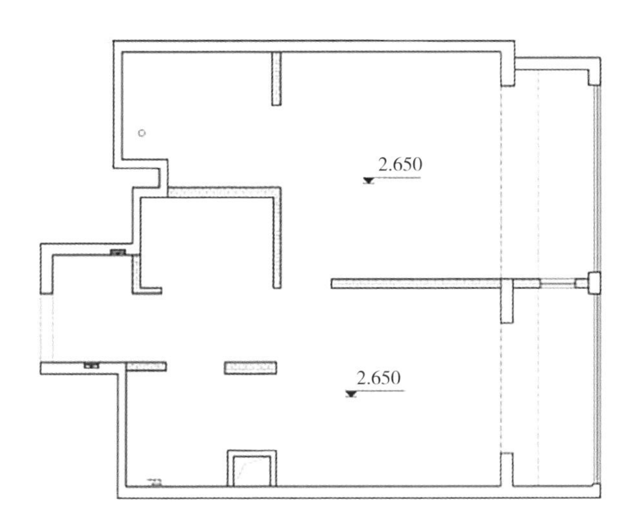

原始户型（上），客厅餐厅面积拥挤，过道浪费面积太多，一个卧室不能满足居住要求。设计改造后平面图（下），主卧和儿童房相对独立，增加至两个卫生间，还有一个茶室。

01 高效收纳

从入户到客厅、卧室、阳台，都精心设计了收纳空间。

在双胞胎家里，原始的过道空间面积浪费太多，设计师在这里塞入了“家政柜”。收纳功能强大的柜体不仅能放外套鞋子，还解决了入户所有的清洁需要。有了这个区域，让人入户就可以迅速转换成“在家模式”。

从入户开始，换鞋卡座-挂衣区-旋转鞋架，直接连接着脏衣篓-洗衣机-烘干机，换下的脏衣服可以直接清洗，避免随手搭在客厅角落造成二次污染。

入户玄关，左右两侧的家政柜解决了入户所需的所有清洁需要。

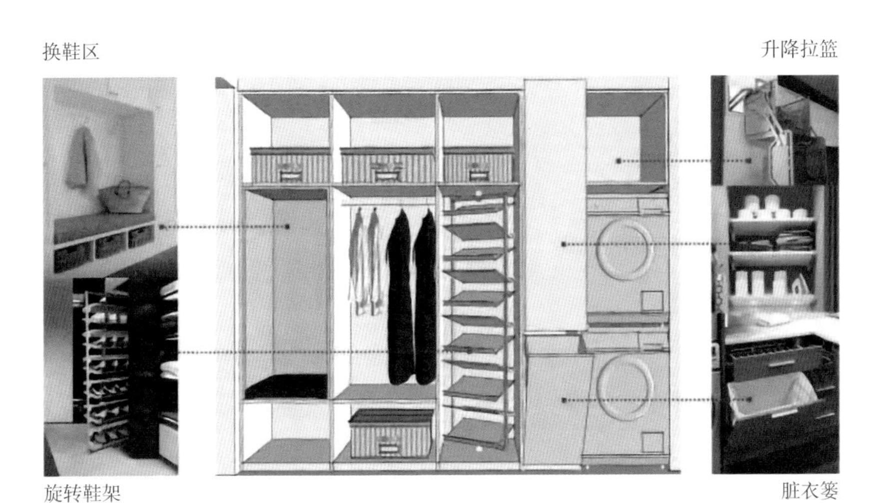

入户左侧的家政柜可以收纳繁杂的物品。

家政柜背后就是卫生间，平时囤下的卫生纸、清洁用品也一并收纳在这面墙里。

完成脱鞋换衣之后，随即来到右侧洗手，所有清洁动作都在小小的门厅顺畅完成。

右侧的家政柜更有来头，不仅收纳起了日常打扫的工具，墙上的孔板置物架还可以灵活放置小物件。柜体下挑空，方便扫地机器人进入。如果家中小朋友还够不到台面，洗手池下面还可以如图中一样设置可以抽拉的地台。

将功能、目的一致的收纳空间集中起来，生活效率也会随之提高。

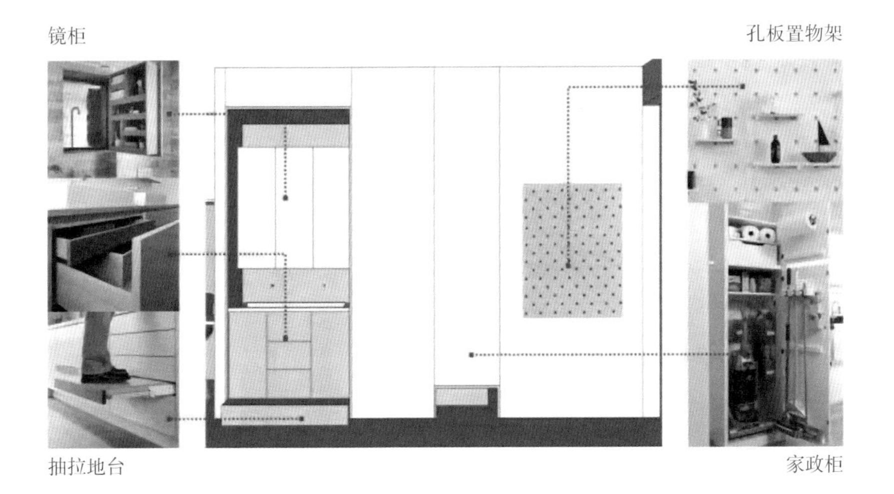

入户右侧的家政柜。

02 融为一体的客厅与儿童房

从门厅进入客厅，这里看不到沙发、茶几，考虑到两个孩子要在起居室练习跆拳道，客厅最大限度地留出了活动的空间。

靠墙的一组柜子也是小户型的显大“神器”。视觉上，平整的墙体柜通常比独立的柜子更显距离感，也就无形中让眼睛觉得面积大。

收纳并不等于放东西的地方越多越好，柜体顶部过高的空间不便于拿取，设计师直接封掉了这部分空间。四开门的衣柜下面做了挑空，可以收纳跆拳道的器械和孩子的玩具，同时也和门厅的家政柜相呼应，增加空间的节奏感。

❶ 旋转鞋架和清洁工具的收纳柜。
❷❸ 作为家政柜一部分的洗手池，与客餐厅连接，也方便用餐前洗手。双胞胎已经不需要额外的辅助加高就能够到台面，所以柜体下方挑空。
❹ 客厅几乎没有大件家具，一整组嵌入墙内的柜体让空间整洁有序。

客厅与“儿童房”相连。说是房，其实并没有房门，床体和阳台形成了三个具有高度差的台阶。木作定制的儿童床，外侧设计的是抽屉，用来收纳儿童使用率比较高的衣物，里面是翻板的柜体，收纳不常用的物品。兄弟俩之间的木隔断既是爬梯，也是书架，圆形的开孔留给他们玩耍的乐趣。

❶ 一些从厨房分离出来的家电在这里构成了西厨区，极大地释放了厨房内的操作和收纳空间。
❷ 形成高差的床。

03 榻榻米主卧室

主卧也是箱体床，床体和嵌入式的立柜给卧室带来更多的收纳空间。大面积的定制木质衣柜，既能让大量居家杂物妥善收纳，协调统一的色彩也使整个空间舒适宁静。

卧室的窗帘选用了木质的百叶窗，隔热采光的同时也能有效地阻挡紫外线的射入，保护房间内的家居。当阳光层层叠叠地洒进房间，光影之间透进阳台上的绿意，温暖又惬意。

阳台设计了榻榻米，不仅增大了储物空间，还扩大了一家人的活动空间。

❶ 干净利落的主卧。
❷ 主卧百叶窗。

❶ 阳台榻榻米是上翻门，上面只放了蒲团，方便打开柜体，同时增加灵活度。
❷ 阳台细节。

04 一分为二的卫生间

原本的卫生间被一分为二，主卫次卫共用一个双开门的淋浴房。两个门都用双面磨砂玻璃材质，保证两个卫生间同时使用时不会造成尴尬。

做好整屋收纳，分割好卫生间，小空间的效率就能瞬间提升，减少大件家具也让这个小户型亲子宅显得更加宽敞。

❶ 两面都可以打开的淋浴房。壁挂款马桶可以让地面清洁更加彻底，不留卫生死角。
❷ 洗手池作为干区，与湿区分隔开来。

②

05 『时光盒子』上下铺

小户型且家有老人帮忙照看孩子的话，卧室也可以用上下铺的思路。

王恒曾经设计过“时光盒子”上下铺。外婆平时照顾孩子需要住家，王恒使用了可移动的上下床——下层空间保证了外婆的起居舒适度，上层空间是属于女儿的小天地。

“盒子”一侧设置了可以爬上爬下的踏步台阶，形式上营造出了些许滑梯的仪式感，也给爱玩滑梯的女儿带来了一些小欢乐。

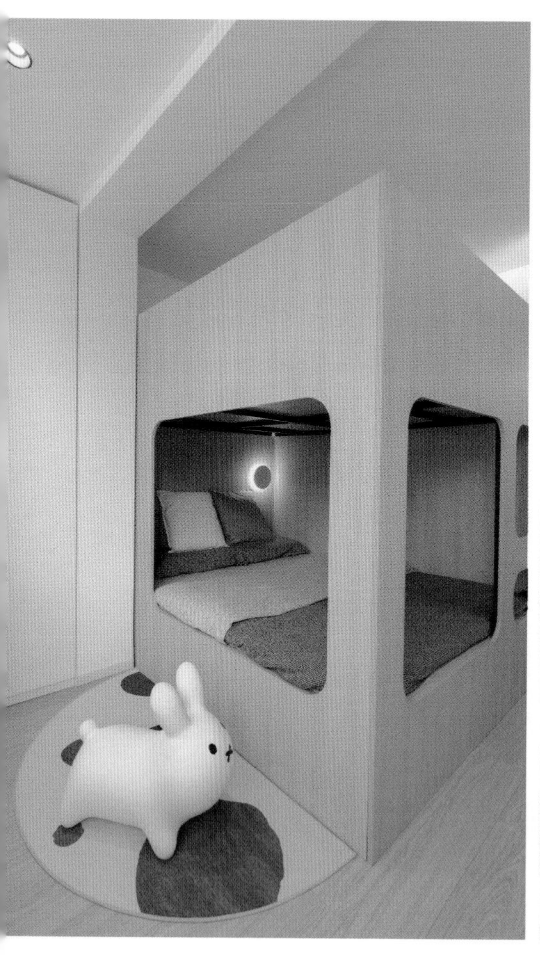

❶

女儿少年时期与外婆同住盒子空间，伴随女儿的成长，在青年时期可以移走上床，成为属于孩子的独立卧室。现在台阶的位置有600cm宽，孩子长大后台阶可以改造成柜体来增加储物空间。

房间面积小的儿童房，可以将盒子靠墙或靠窗上寝下桌摆放，尽量为孩子腾出更多开阔的空间。

❶ 可以伴随小主人成长的时光盒子。
❷ 下方可以预留空间，有客人来时铺设床垫满足待客需求。
❸ 爬梯足够深，可以用来藏书，床下方推拉式储物柜在孩子不同成长阶段都能满足收纳需求。

关于恒田 / 王恒

北京恒田建筑设计有限公司 创始人

收纳≠柜子越多越好

关于收纳，市面上已经有很多非常专业的图书手把手指导操作，在这本书里，我们更希望用有限的篇幅梳理下收纳的整体逻辑，以及不同年龄段的亲子宅里要如何规划收纳空间。

首先，收纳肯定不是放东西的空间越多越好，设计师王恒建议收纳要符合家庭需要和生活状态，因此收纳空间是“一个合理需求基础上的占比”。

比较常见的收纳方式是分区分类，入户区、客厅、餐厅、厨房、卧室、卫生间，对于收纳的物品和收纳空间尺寸都应该有所区分，按照物件的类型和大致数量提前规划好。同时，便于取放也是高效收纳的重要标志。

常见的一些小技巧

1. 高柜。在四口之家中，王恒将卧室的高柜都划为三个分区：

0～90cm收纳手边常用物品；

90～190cm收纳日常常用物品；

190cm到柜子的顶部收纳不常用物品。

这个高度的设置是根据使用者的身高及活动伸展舒适度反复推敲而来。

2. 鞋柜。鞋柜的宽度应该根据鞋子的宽度而定，高度根据鞋子主人的数量计算，同时避免鞋子正反叠放，造成鞋变形。柜体底板或背板可以设置透气孔。

3. 储藏间。除了有多层隔板摆放杂物，储藏间还可以将大件不常用物品隐藏起来，比如行李箱、童车，因此收纳大件物品的位置需提前根据尺寸及数量规划好。

4. 儿童房收纳空间。3岁前的孩子物品收纳基本是以玩具为主，书籍为辅；而4～7岁，书的数量会明显上升，这个时候对于书架的设置空间需要预留充足。

5. 厨房。厨房收纳是每个家庭都很头疼的事，但只要按照烹饪的顺序设计就会流畅很多。比如四口之家的厨房，王恒在U型布局的厨房中从右到左按照洗、切、炒的顺序进行设计。

四口之家的厨房。

台面按照操作顺序布置，储物上则要利用橱柜的每一寸空间，将厨房内的工具按照功能及使用方式分门别类，最大程度释放台面面积，为操作提供便利。

收纳的集大成者：家政间

观察王恒设计的多个小户型，“家政间”的概念颇为引人注意。通过将收纳空间集中，极大提升了空间内每一平方的利用率，将收纳发挥到极致。

拥有一个家政间，其实并不非得是一个独立的房间，而是构筑一个“综合功能区”。在这个功能区中，从入户开始的一连串需求都被一一连贯地满足。基础的功能区包括鞋柜（满足当季常用鞋子的收纳）、开放格（随手放置的物品，比如钥匙、门禁卡、水电卡等）、洗衣烘干区、净手区等。

顺畅的入户流程充满仪式感，也能教小朋友养成自理和个人卫生的好习惯。

四口之家的案例中，家政间是入户的过道。对于入户过道宽、且长度够容纳组合柜体的家庭，可以摒弃原始的鞋柜+衣物挂钩的做法，嵌入单边或者双边的综合功能区。如果面积足够、户型允许，也可以直接将靠近入户门的房间改成家政间。

如果没有过道或者独立房间，要怎么嵌入家政间呢？为了更好地领悟到家政间的精髓，我们再多看两个王恒的作品。

案例 A

$56m^2$的小户型，常住夫妻二人和两个女儿，双方老人偶尔交替来帮忙照顾孩子，因此需要考虑6口人的起居，且需要充足的储物空间。

入户左手边卫生间一分为二，如厕和淋浴分处独立空间，满足6口人对分离式洗手间的要求。卫生间增加了一个开门的位置，打破了原先完整的入户过道，王恒巧妙把家政间拆成了三部分：

一处在入口——部分墙体向内推，人为制造一个入户收纳柜；

一处放在客餐厅中——与卫生间外墙相连接；

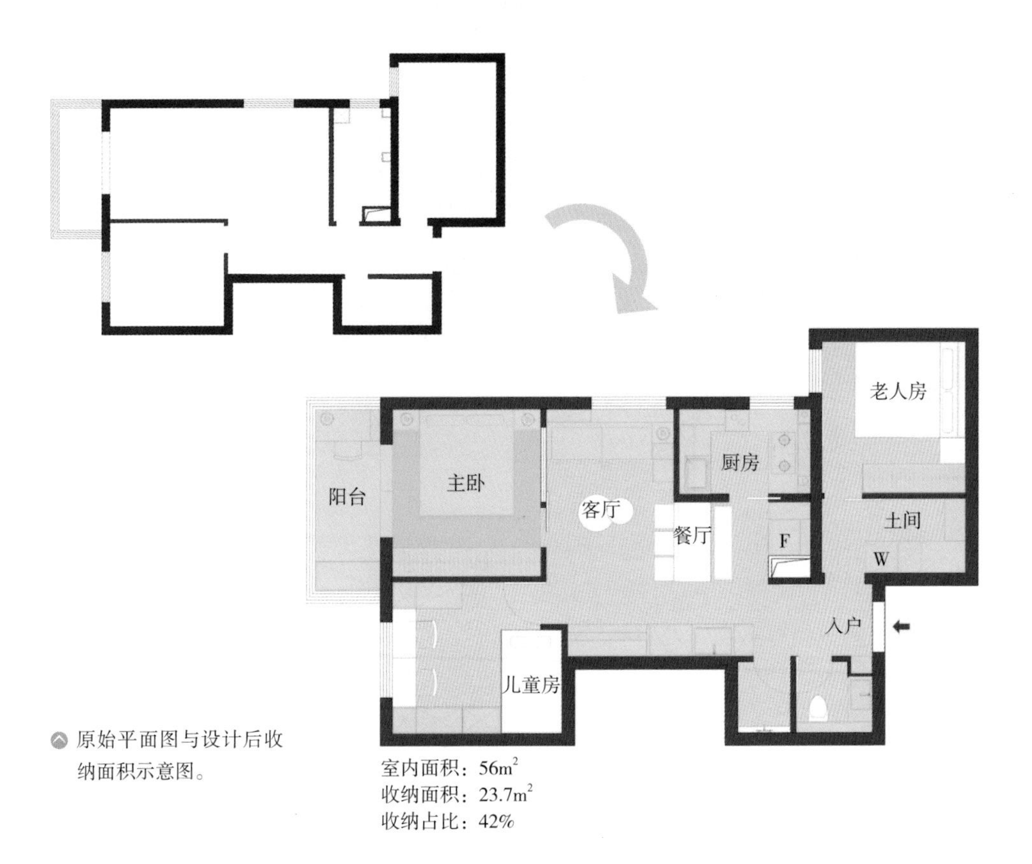

原始平面图与设计后收纳面积示意图。

一处放在土间[1]——从卧室分割一块面积。

卫生间墙体特地在靠近入户门的位置做了内凹，人为制造了两个收纳柜和一个开放格。洗手池更靠近餐厅，入户净手、餐前便后洗手一举三得。

从卧室隔出的土间里，烘干机与洗衣机并列排放，旁边配挂衣格和脏衣篓。更大的鞋柜用以存放平时穿不到或不合季节的鞋子。

从客餐厅看入户门。

除了分散的家政间，案例中的客厅也具有强大的收纳功能。

为了收进更多杂物，客厅定制的沙发也是一组“收纳柜”。现在很多榻榻米、地台都做成上翻盖，但考虑到拿取方便，如果空间允许还是本案中的大抽屉更为实用，免去了来回搬垫子的烦恼。

[1] 日本住宅中，屋内被分为高于地面的起居空间，以及与地面等高的土间，土间类似于入户过渡空间。这里将一部分卧室隔成土间。

❶❷ 人为做出的内凹部分形成当季鞋柜和开放格。
❸ 土间里的收纳。

沙发上侧，利用沙发靠背后方的墙面空间，竖立一座书架，当主人与孩子坐在沙发上休憩玩耍时，伸出手臂，便可以取下一本书共读。沙发前的区域不设置茶几，小件物品可以临时放在沙发扶手上，也释放出了客厅中一定的空间。

更妙的是，客厅通过玻璃门+窗帘实现区域切割，原本的两室一厅在拉上门和帘子后，又多出一间卧室来。这样做的好处是可以适应家庭常住人员的变动，老人帮忙照看

❶❷ 客厅收纳打开前后对比。

孩子时，可以居住在土间旁的卧室，父母住在客厅的主卧，当不需要同住时，老人的卧室便可以变为主卧，原主卧与客厅相连可以释放出更大的活动空间。

案例 B

130m²的三代同堂之家，对收纳空间的需求不如之前的案例迫切，但家政间依然是城市公寓房的入户理想动线之一。

在方正的户型中，设计师直接放入了一个“厨卫盒子”，包含洗手池、三分离卫生间、开放式厨房台面三个部分。围绕盒子分离成家政/生活两条L型动线，入户换鞋－换外套－洗手通过家政动线完成，同时不影响日常生活动线。

因为空间条件宽裕，使单独的家政动线成为可能。洗手池朝向入户家政动线，方便完成入户清洁，双龙头解决了多口之家的使用之需。靠近入口的柜体设置了开放格，格子具有一定深度，可以是快递、外卖的接收箱。

洗手池上方的镜柜还有“彩蛋”，它和马桶间的储物柜内外相通，方便随时拿取和补充。

王恒的三个作品中，家政间的核心要素“换鞋、换衣、洗衣、洗手”通过不同的嵌入方式，都提升了居家生活的效率。不论户型如何，家政间为代表的综合收纳都是亲子住宅值得借鉴的收纳方式。

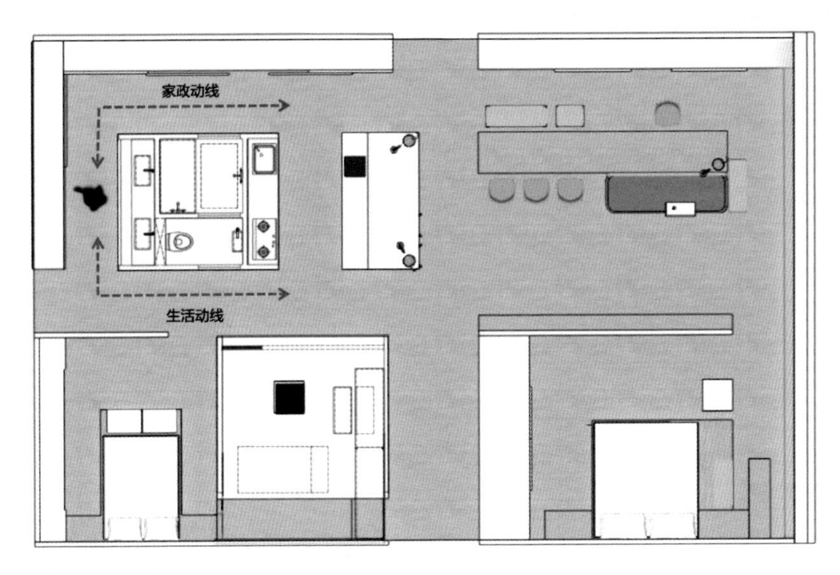

设计之后的平面图。

❶ 入户家政动线。
❷ 两面开门的储物柜。

07 31.65m^2的 YMT 四口之家

GENETO

- 性质 - 为业主设计
- 家庭成员 - 父母、一儿一女
- 面积 -31.65m^2 的三层独栋住宅
- 位置 - 日本大阪

大阪主干道御堂筋附近的住宅区人口稠密，小户型住多个家庭成员的居住难题并不比我们少。GENETO为一家四口设计的房屋在其中独树一帜，不仅拥有多个卧室，还有4m高的挑空和屋顶花园，而且房子里藏了很多机关，就像小朋友的大型积木乐园！

我们先来看看这个功能齐全又有趣的房屋剖面图。

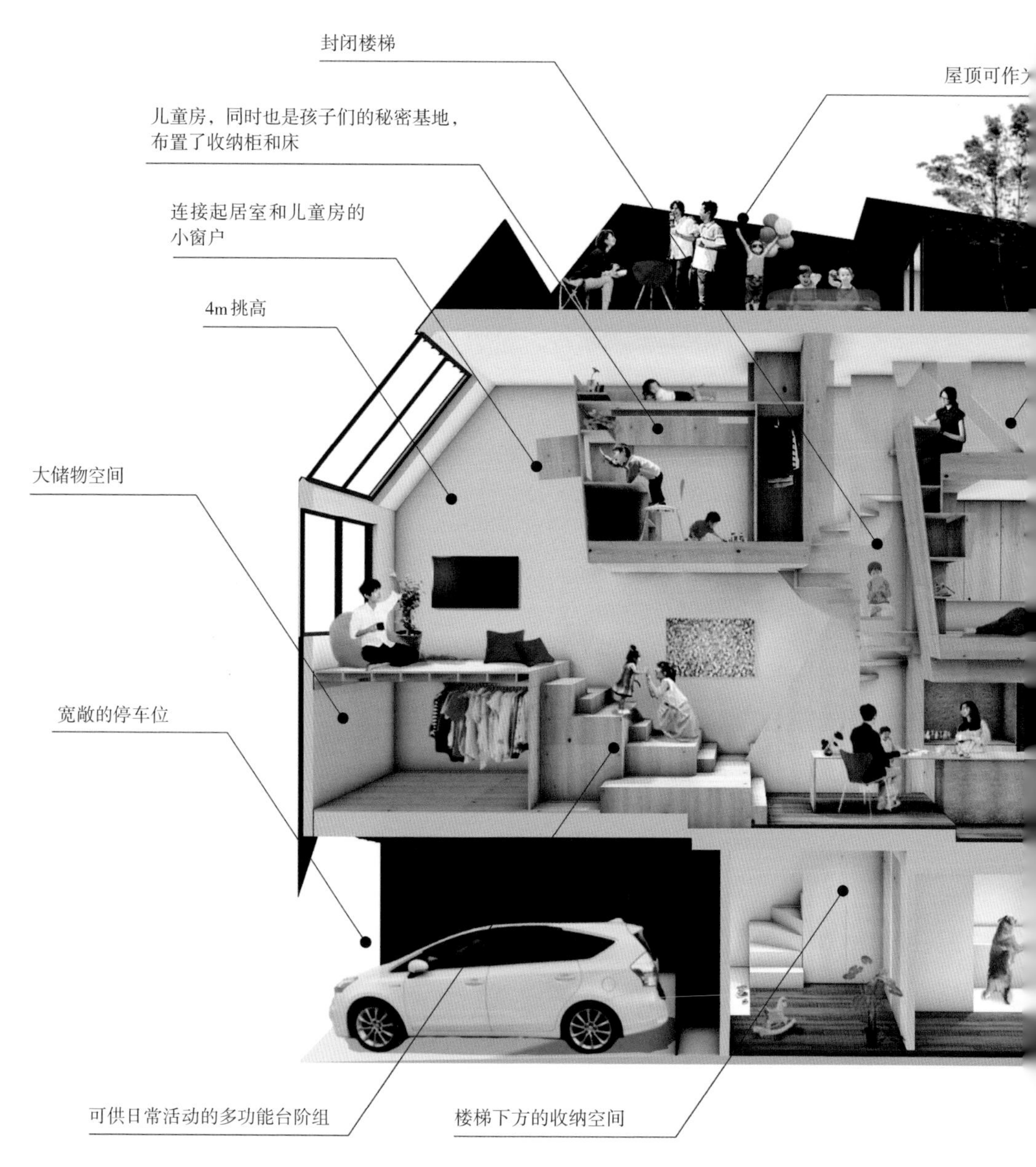

YMT房屋的剖面图。

室，大人小孩都很享受这里

阅读空间

约 $5m^2$ 的和室

餐厨空间

房屋形状的车库，入口处透出家中的暖光。

当地的住宅用地形状大多是狭长形，比如这栋房屋的基地，临街面4m宽，深度有11m，设计师摒弃了传统的做法，把各种功能立体地穿插在其中，并通过一部楼梯串联，剖面图里看上去就像蚂蚁洞——横向、竖向上都被打散了，没有连贯的走廊。住宅外观看起来只有三层，但实际使用中有多达六七个不同高度的平面。

这样垂直布局，是为了实现业主“大量的收纳空间，宽敞的客厅，容纳四口人的生活”的需求。

宽敞的浴室

我们从最核心的地方看起。

小户型做收纳，尤其是像这种层高足够的房子，要多利用垂直空间。起居室被抬高的地面创造了多种视线高度，客厅从使用感受上被延展了，小朋友也很喜欢在这里游戏，更重要的是，台阶下方多了好几个立方的收纳空间。除此之外，楼梯下方、和室墙壁、儿童房墙壁都塞进了储物空间，家人的衣物、打扫用具等都可以妥妥收进去。

家人聚集的活动空间集中在二层。起居室和餐厨空间相连，由于高度差使空间更富于变化。

❶ 挑高4m的客厅，明亮整洁。
❷ 从餐厨间看向客厅。
❸ 从客厅看向餐厨空间。

❶ 紧凑的厨房+餐厅。
❷ 台阶使厨房和客厅形成1.4m的高度差，创造了更多游戏的可能性。
❸❹ 串联起多个平面的楼梯。

3

4

沿着楼梯向上，儿童房和榻榻米房间分布在两侧。

小朋友的儿童房靠近外窗，让出了部分面积，留给起居室更好的采光。房中定制了两个孩子的书桌、床和储物空间，设计师还在儿童房墙壁上开了几扇窗口，让孩子们随时可以和客厅里的家人互动。

和室上方一半空间留作小书房，另一半为楼梯，通向屋顶平台。

屋顶平台就像第二个起居室，大人可以在这里烧烤，夏日孩子们还可以开充气泳池派对！

回看地面层，除了车库，还有衣橱和盥洗室。带坡度的车库从外观上看像小房子的屋顶，为车库提供了更充裕的顶部空间。

屋内的定制家具基本上都是日本扁柏制成的胶合板，不仅有天然的纹理，还有柔和的触感和独特的香气，冲减了白墙的冰冷感，让建筑更温暖，很适合亲子住宅。

❶ 从儿童房窗口看向客厅。
❷ 儿童房的窗口。
❸ 父母使用的和室。
❹ 和室上方的小书房。
❺ 屋顶楼梯处用墙壁代替扶手，确保私密性，同时将视线引向上方平台。

❶ 屋顶平台。
❷ 宽敞的车库。

关于GENETO GROUP G.K事务所

1998年成立，现有京都及东京办公室

2019年获得IDA国际设计奖金奖

环保不只看甲醛

甲醛释放量是判断环保与否的重要标准，但绝非唯一标准。目前合格的主材和家具都需要符合国家标准，甲醛释放量小于0.124 mg/m^3，限量标识为E1，能够满足家庭装修的要求。如果追求无甲醛排放，也可以选择金属、水泥等材质，替代板材，在装饰性上也很别致。

但是在选择主材和家具之外也要注意下面几点。

1.装修之初，将新风和空气净化系统考虑在内。良好的设备可以时刻为家里维持较好的空气质量，在入住前，应空置3个月以上，最好是经过一个完整的夏季再入住，入住前找有检测资质的第三方进行检测。

2.减少不必要的装饰。一些比较繁复的装饰可能会用更多的胶水和板材。

3.为室内选些绿植。确保室内空气质量达到可以入住标准后，可以在日常生活中添些绿意。绿植可以吸附有害颗粒物，美化环境，更多的好处之后会单独用一个专题仔细聊聊。

08 把孤独图书馆搬回家的游戏小屋

金鑫

性质 - 自宅 + 民宿

家庭成员 - 父母、男宝

面积 - 室内面积 230m² + 花园面积 330m²

位置 - 河北 北戴河

01 迷你孤独图书馆

距离海边300多米，占地近600m^{2}的院落，金鑫为家人创造了一处童话小屋。

自从2017年金鑫一家人去北戴河阿那亚度假，海边的精神场所、自然环境、童话般的生活小镇，深深打动了他们。当时金鑫就想，能在这里有个家，人生就可以更美了。

时隔一年，在家人的支持下，他们圆了海边之家的梦，身为设计师的金鑫还把阿那亚海滩上最具标志性的孤独图书馆缩小“搬”到了家里！

孤独图书馆是海边的精神建筑，其中举办的活动和馆藏书籍，大多数是给成年人的。孩子们听不懂其中蕴含的哲理，金爸爸把孤独图书馆缩小到家里后，改造成了适合孩子攀爬娱乐的空间，一层是儿童迷宫，爬来爬去的时候，转角处的感应灯会自动亮起，二层是沐浴在阳光下的阅读空间。

2020年赶上疫情，原本只想在海边过春节的一家人却在这里滞留了4个月，幸运的是5岁的儿子兜兜没有变成疫情下家中的“小困兽”，每天都可以在迷你孤独图书馆里翻滚游戏、阅读学习，享受爸爸用爱打造的“精神建筑”。

①

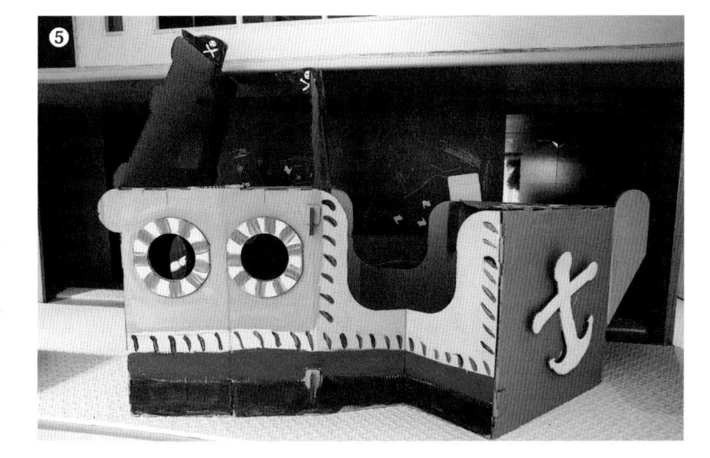

❶ 金鑫的家中有个迷你版的孤独图书馆。
❷ 迷你孤独图书馆的一层迷宫。
❸ 家中的孤独图书馆并不孤独，而是孩子的游戏和阅读空间。
❹ 迷你孤独图书馆二层。
❺ 包装箱变身海盗船。

02 独立游戏屋

除了缩小版的孤独图书馆，房子中的很多细节都包含了金爸爸对兜兜童年的关爱。

沿着楼梯向上爬，是另一个独立的游戏屋。金鑫布置了一整面供孩子写写画画的黑板墙，现场制作了阅读和游戏功能兼备的双面大象书架滑梯，房间中的一座攀岩坡道，将游戏屋和悬空吊床连接起来。

金鑫在设计时想让孩子爬上跳下时费些力气，同时锻炼脑力和体力，于是攀岩坡道板成了房间里通向吊床的唯一方式，下坡时还可以减缓速度达到安全的目的。

日常生活中，大人通常都是俯视孩子，而孩子永远仰望家长。金鑫希望通过悬空吊床为孩子提供一个高空俯视的视角，“给他一种新奇感，一个观察大人的新视角”。吊床可以承受成人的重量，金爸爸也爱猫在这里看书、睡午觉。

吊床旁还有个单人床面积的平台，配合大象书架的图书供父母和孩子亲子阅读。

❶

❶ 独立游戏屋提供了另一处孩子玩耍的天堂。

❷ 从游戏屋看向悬空吊床。

❸ 通向悬空吊床的攀岩坡道。

❹ 悬空吊床是兜兜观察大人的新视角。

03 在秘密基地里俯瞰客厅

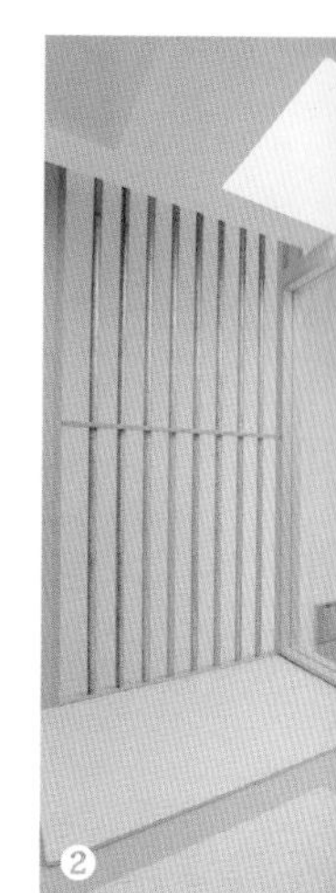

❶ 进门的错步楼梯，兼顾了收纳需求和空间弹性。
❷ 利用高度差形成的秘密基地。
❸ 兜兜和妈妈一起缝制了鹅卵石靠垫，在这里还可以尽情翻滚在海洋球中。
❹ 从吧台看向餐厅。镶嵌在桌子正中间的是长3.4m的榆木板，来自一家咖啡厅曾经的废弃吊顶，金爸爸给了它新的生命。

住宅的整体设计中，金鑫很注重高低空间的使用和互动趣味，他希望尽量打破单一平面的生活模式。

主房间5m挑高，阳光透过屋顶长方形的天窗照射到前庭绿植，映出墙壁灵动的光斑。

顺着入户楼梯爬上去，金鑫利用高度差，在客厅上方又植入了一处孩子的秘密基地！这个空间巧妙连接了天窗与吧台，在秘密基地里还可以透过网格俯视整个客厅。

吧台与餐厅空间中，一张巨大的长餐桌居于主位，可以聚会、喝咖啡、玩桌上游戏，或者给社区里的孩子集体上个手工课，联动了公共区域和私人空间，也成为家长和孩子共同成长的交流空间。

整栋房屋里几乎没有成品家具，干练的木质线条和纯粹的白色，创建出了一个原始、通透、全开放的空间。

③

04 不受约束的卧室

金爸爸一共设计了4间卧室，有3间都没有“床”，而是用温润质朴的原木或是自然白水泥结构搭建出不受约束的床体。

迷你孤独图书馆的隔壁是一间下沉庭院卧室，白白的什么也没有，反而最浪漫。孩子在“城堡”里过夜，爸爸妈妈可以在这个卧室陪着他们，离得很近，但又给他们一个相对独立的空间。

①

②

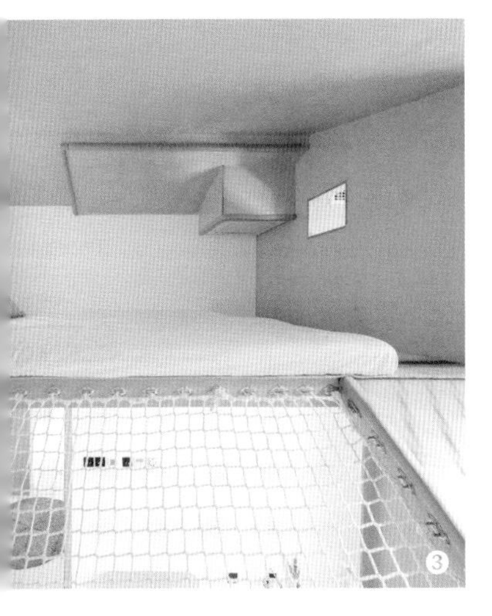

❶ 迷你孤独图书馆旁的简洁房间。

❷ 带有悬空吊床的卧室。比传统高低床更具趣味的亲子阁楼房间，斜坡爬网是攀爬到阁楼卧室的通道。

❸ 孩子可以住在带有吊床的“上铺”。

❹ 适合小宝宝的“地铺”房间。

❺ 转角窗户和落地门窗让房间的光线更加充沛。

洗手间的面池都是一高一矮，可以培养小朋友的自主能力。

每间卧室都尽可能引入充足的自然光线，再辅以踢脚线灯带的设计，既扩大了空间感，又显得生动。软装的选择上，带有柔软质感的棉麻窗帘，以及局部靠垫暖色调的点缀，让视觉层次更加温和。

❶ 4间卧室里唯一有床的一间。
❷❸ 洗手间细节。

05 探险工厂般的小院

❶ 可以随时搭配组合出不同功能的院子。
❷ 庭院细节。
❸❹ 庭院里安装了简单的淋浴设施，方便孩子玩沙子后冲洗干净再回家。

户外的小院像个探险工厂。几乎没有户外家具，不用拘束该怎么玩，堆砌上懒人沙发、瑜伽垫、投影幕布、几张画板，就能变化出不同功能的露天客厅。

夏天，露天小淋浴间给跑疯了的孩子们一个冲凉的地方。光着屁股在院子里把沙子冲干净后，就可以从游戏城堡进入主房间。

将近600m^{2}的海边住宅，用点点滴滴的亲子细节，组成了孩子的童话乐园，但金鑫说，大型玩具不是让孩子独自娱乐，再好的亲子住宅其实也比不过父母的陪伴。

(组图)可以自由玩耍的小院子。

关于金鑫

小户型分子工作室合伙人
阿那亚木果子民宿创始人
陪伴孩子重新成长的路上受到启发
并赋予实践的设计师

我家有座游乐园

我们之前分享的亲子宅中，文骏、夏天、夏云、立木、金鑫设计的家中都有大件的游乐设施，对于这些“大家具”，有的家庭认为是美好回忆的载体，也有的家庭会随着孩子成长慢慢改变“大家具”的功能。如果你也准备在家里打造一个游戏城堡，这里有些金鑫的建议。

大件的游乐设施通常可以分为两种类型，一种是定制，另一种是购买成品设施组装放置。

前一种类型属于无法进行转卖的，所以在设计制作之初要考虑其材质是否经久耐用，颜色是否饱和度适中，同时应该可以适应年龄成长，尺寸尽量满足成人也可使用，这样才能长久地发挥亲子共享的用途。后一种成品设施则可以随着孩子成长进行转卖或更换。

定制的游乐设施，要重点关注材料的选择，这会关系到承载力、耐用度、环保、维修方便程度等，甚至关系到未来拆除后的垃圾是否可以回收。比如用钢结构和木材搭建制作的设施，在被拆除后可以分类为金属和木材回收。

如果家中计划利用空间定制大型设施，建议找设计师来探讨方案。如果是居室内局部的小型设施，可以采购的成品设施选择较多，比如带滑梯的高低床、小木屋床架、单面或组合的墙壁攀岩板等。

陪 伴 成 长 的 亲 子 住 宅 设 计 术

09 屋顶花园

王大泉

性质 - 为业主设计

家庭成员 - 父母、女宝

面积 -300m^2（其中 100m^2 为庭院）

位置 - 北京

北京的300m^2大宅，你是否愿意让出三分之一面积给院子？

设计师王大泉给业主设计的这栋住宅，无论是地理位置还是户型都十分优越，300m^2的室内和露台四方四正，市中心的景色尽收眼底。

业主为了让混血女儿生活在更多东方元素中，也为了能在城市中随时有自然为伴，决定将露台改造成庭院，于是有了这片京城上空的隐秘绿意。

❶ 具有东方意境的屋顶庭院。
❷ 从庭院看向室内。
❸❹ 庭院一角。

不得不说，有个小院子的童年简直太美好了！日式风格的院子既是大人玩味、观赏、放空的场所，大片空地和植物也成了小孩玩耍的天堂。

围绕这个院子，室内生活徐徐铺开。最具特色的是紧邻庭院的和室。主人在一窗之隔的和室喝茶，窗外阳光也刚好将庭院植被的投影照进和室。

❶ 庭院景观如同城市森林中一处被遗忘的桃源，在高耸建筑的夹缝中，自成宁静天地。
❷ 住宅平面图。
❸ 可以用作冥想、茶会等需求的茶室空间。

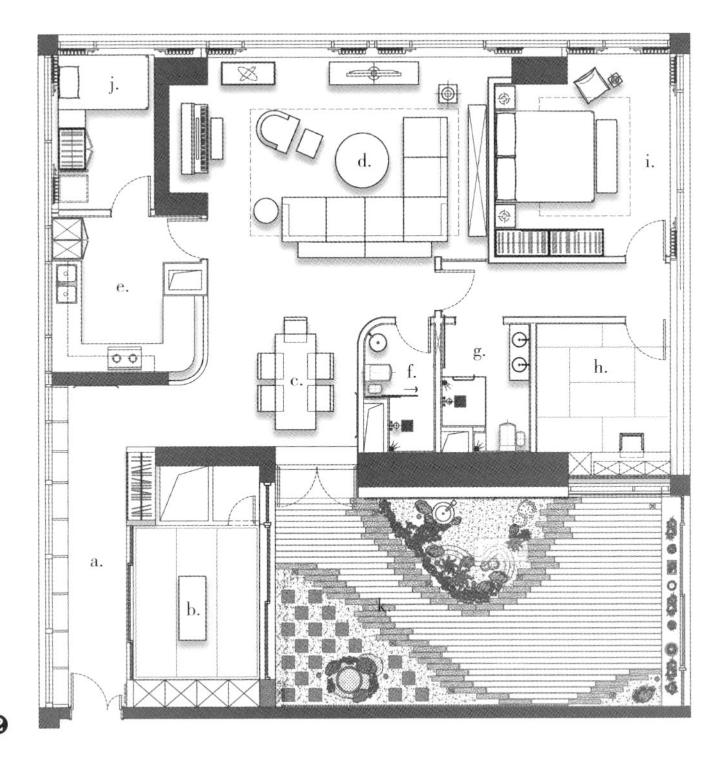

a. 走廊
b. 和室
c. 餐厅
d. 客厅
e. 厨房
f. 客卫
g. 卫生间
h. 儿童房
i. 主卧
j. 保姆房
k. 屋顶庭院

❶

另一间直接可以看到庭院的房间留作儿童房。女儿的房间也采用了榻榻米，并且增加了更灵巧的收纳空间和功能附件。

除了庭院、和室，家中的东方元素和西方元素不断碰撞。比如大片宣纸质感的风琴帘，在午后将日光滤成光栅。

起居室里，更多当代、西方的文化符号被拆解，编织进了家中的角落。

❶ 从和室看向庭院。

❷ 从女儿房间看向庭院。

❸ 东方风格浓郁的走廊。

现代风格更加突出的客厅。

关于王大泉

天作空间设计公司创始人

亚太酒店设计协会理事

2020年获得IAI全球设计奖（室内）最佳设计大奖

与自然为伴的童年

建筑师隈研吾曾在访谈中说，小时候每当放学以后，他很自然就和同学先去“里山”，玩耍之后再回家，春天采竹笋，夏天在河里抓螃蟹，而且至今仍记得儿时山里的洞穴有一个深池，龙虾颜色也更深，而“洞穴”现在也是他设计的一大主题。

与自然连接能带给身心益处。家中能拥有小院或者屋顶庭院随时接触自然当然惬意，但没有这样的条件也不妨碍我们选择与自然为伴——有小朋友的家庭，完全可以选择些耐候性好、具有装饰性的绿植在家中养护。

像涂料、地毯、家具、清洁用品这些人工制造的产品中释放出的挥发性有机化合物（VOCs），可以通过植物的叶片、茎被吸收，堆肥土中的微生物还能将有毒物质降解转化成养分输送给植物的根络。

绿植不仅可以装点住宅、净化环境，把一株植物照顾得很好，看着它成长也是很治愈的事。小朋友其实也很乐于照看植物，从浇水、翻土中收获满满成就感，同时也锻炼了观察力、动手能力，培养了小朋友的耐心。

很多绿植都很适合在家中养护，室内园艺还可以让孩子近距离了解自然界是如何运转的，这里罗列一些推荐给孩子的植物，不妨在家里试试看！

低龄宝宝可以选择迷你小花园，比如种类丰富的多肉植物，也可以选择小个头的吊兰、竹竽、绿萝。水芹或者其他好抽芽的植物也很适合孩子，可以养在卡通人脸造型的花盆中，就像给它种头发一样有趣。

大孩子可以养些有个性的植物，比如仙人掌、空气凤梨、蕨类。

瓜果蔬菜的种子也可以鼓励孩子去栽种，虽然不一定能有什么收获，但享受过程就足够了！

参考四胞胎之家，在阳台打造一个“立体花园”，或者在厨房造一个“可食花园”，罗勒、香菜、沙拉叶子菜，都可以试试。

需要注意的是，尽量避免把枝叶带刺的植物放在小宝宝能伸手够到的地方。如果没有太多时间打理，也可以选荷兰铁、油橄榄等不需要天天养护的植物。

陪伴成长的亲子住宅设计术

10 儿时的家

峻佳设计（主持设计师 / 陈峻佳）

性质 - 为业主设计

家庭成员 - 父母、两个男宝

面积 -70m²

户型 -2 室

位置 - 香港 将军澳

设计师陈峻佳自小在香港长大，三十年来，搬家不下十次。离开旧家时，总是很不舍木柜的余温，进入新家后，又会不习惯隔墙的味道。

电影《建筑学概论》中，设计师给女主角设计新家时，把她童年的一些经历、生活符号，转变为新房设计的一部分——小时候不慎踩水泥留下的脚印被设计在新的景观水池中，墙面完整保留了女主角成长过程中的身高记录。

对陈峻佳来说，无论空间新旧，童年玩过的玩具，与玩伴打闹碰过的桌椅，和爸爸妈妈一起吃饭的餐厅，卧室角落摆放着的家庭照片……这些才是陪伴成长的知己，因为这些细节，成长的足迹和情感在新的空间中得到延续，成为一个温暖的容器。

在为一对夫妇设计新家时，陈峻佳希望这处居所能在未来很长一段时间内，成为见证和陪伴两个孩子成长的重要场所，同时也是家庭共享快乐的温馨空间。

这所房子原本有个狭长的过道，导致一侧的卧室采光不好，同时过道空间利用率低。陈峻佳

❶ 陈峻佳以儿时的家为灵感设计的亲子宅。
❷ 户型原本格局中的过道。
❸ 从儿童房看向过道。
❹ 大块玻璃代替墙面，使过道带来的狭长感消失了，儿童房巧妙嵌入家庭氛围中。

希望赋予家庭干净、整洁、温馨、彼此亲近的感觉，于是用大块玻璃代替墙面做隔断，并特别搭建了一个专属于两个孩子的儿童房。

将儿童房的玻璃折门打开，房间与客厅便相融在一起，便于亲子之间的互动。

玻璃折门的轨道设置在了天花板上，不会在地台上留下痕迹，减少小朋友被绊倒的可能。房间内大面积使用的颜色和家中整体保持一致，少量柜体和饰物采用亮色，点明这里是小朋友的天地。

❶ 从过道看客厅和儿童房。
❷❸ 儿童房。

2

3

整个地台都具备收纳功能，靠近窗户的地面被再次抬升起来，一分为二，成为两个小朋友的床。

为了使小空间尽可能明亮，除了儿童房，厨房和客厅之间的隔断也用了玻璃。

改造后的家不仅整个空间的视觉感受扩大了，更重要的是，这样的通透感增进了整个家居空间中日常活动“共享”的气氛，家庭成员之间能轻松看到彼此在公共区域的活动。

❶ 床体也是对开门的柜子。
❷ 视线几乎不被阻断的通透客厅。

小家的家具屈指可数，但通过色彩的搭配，室内利落又饱满。蓝、黄、白色交替出现的烤漆板清新自然，不仅出现在儿童房，客厅、主卧也有呼应，这让木材为主的室内更加跳跃灵动，也很统一和谐。

❶ 主卧与儿童房配色相同，但色彩使用的面积和位置略有差异，视线高度的位置多采用木色和白色，上方空间大面积使用彩色，避免琐碎。

❷ 客厅也遵从了蓝、白、黄的配色准则。

关于峻佳设计 / 陈峻佳

峻佳设计公司创始人

曾获世界青年设计师全球总冠军

“亚太区年轻设计师大奖”室内设计金奖

缤纷却不凌乱，适合亲子宅的色彩搭配法

小朋友的居住环境，在色彩上其实不用过分追求丰富性，因为他们的玩具和书籍本身已经色彩丰富。为了使亲子氛围更温馨，在颜色搭配上可以做些点睛之举。

低饱和度的颜色作为主色调。像前文分享的李敢家，儿童房主要用到的色彩都是低饱和度的，以灰和粉为主。

单一亮色作为辅助。立木设计的四胞胎之家也很活泼，但主要通过造型而不是色彩达到活跃气氛的目的，颜色上跳脱的只有黄色。

有限色彩交替重复。峻佳设计的住宅选用了高饱和的颜色，但只在部分饰面采用，同时把颜色框定在蓝、白、黄三种。这三种颜色除了可以在家具上出现，饰品、床品、灯具的选择也可以倾向于这几种色彩，让室内色彩更加和谐。

“儿时的家”中，床品、挂画、吊灯的颜色，也都限定在蓝、白、黄中。

11 收藏之家

水丁集设计（设计主创 / 张晓军）

- 性质 - 为业主设计
- 家庭成员 - 父母、女宝
- 面积 -100m²
- 户型 -2 室
- 位置 - 浙江 杭州

并不是所有的亲子宅都必须服从或清新淡雅，或明亮的色彩选择。杭州的三口之家住在百平方米的公寓中，户型虽规整，却有些中规中矩，两室一厅也缺少在家办公的独立空间。装修小家时，夫妻俩对艺术有自己的追求，也对前卫空间十分包容，最终他们的家定格成为一间非常特别的亲子宅。

以黑胡桃木色为主调的家中，混凝土墙体完全裸露，为客厅带来刚硬的质感，红色沙发也是为空间特别定制的。家里整个空间遵循减法设计，去装饰化，以舒适机能为主要考量，几件收藏的家具搭配增加了高级感。

夫妻俩新添小女，在家中的设计上还花了很多小心思。看起来似乎过于暗淡的色调，其实是孩子的快乐天堂！

❶ 刚硬气质的客厅，充满适应孩子需求的小心思。
❷❸ 装修前后对比。混凝土墙体选择完全裸露。

❶ 阳台与客厅连接在一起，靠窗设置了一排座椅。
❷❸ 客厅书架及裸露的墙面细节。
❹ 阳台细节。护墙板选用了带节疤的黑胡桃木板，增加复古质感。
❺ 客厅设置投影。

起居室没有放电视机，因此弱化了电视机背景墙，夫妻俩暂时不配茶几，留给孩子更多的空间肆无忌惮地玩耍。

被保留的混凝土墙旁，定制了大面积黑钢板书架，让阅读成为家庭的习惯。书架上方预留了挂投影布的位置，用投影仪替代电视机。

原本的两室一厅是没有为书房预留空间的，但设计师巧妙地把储藏间隔出 1 平方米的空间，用推拉门作为隔断。需要工作时拉开推拉门，不需要用时收回成储藏室的一部分。“书房”和书架比邻，取用参考书籍也非常方便。

2

4

3

5

❶❷ 隐藏在储藏间里的单人书房。

❸❹ 餐厨细节。

餐厅与厨房开放式并存，形成亲子无障碍交流的空间。

餐桌旁定制的胡桃木高柜收纳展示了主人收藏的茶器、酒器。在落地玻璃窗前就餐、喝茶聊天，都是美好生活的场景。

家中混凝土墙壁看似单调，实际则是把注意力还给精心挑选的艺术品和家具，斑驳的墙面谦逊地承托起颜色和线条都更为明朗的居家物品。

为了达成空间在视觉上的统一，从餐厅、厨房到卫生间，墙面、地面都是手工水磨石一气呵成处理，呈现出协调的肌理和质感。

③

④

❶

❶ 英国Square roots餐桌，搭配北欧中古风格的餐椅，优雅复古。
❷❸ 房子主人的收藏。
❹❺ 厨房、卫生间细节。

女儿的房间用了灰粉色调，点缀童趣设计，为成长空间留白。

生活是一面镜子，而家是生活的镜子。基于自己的生活方式来选择生活场景，家也许更能成为体现价值观的精神容器。

女儿房细节。

关于张晓军

水丁集设计创始人

行走在生活边缘的设计师

不拘一格的亲子宅

如果给亲子宅一个想象，我印象最深的是日本建筑师中村拓志的HOUSE SH——外立面呈弧形微微凸出，内侧形成的凹面温润柔软，有如母亲的子宫。这里可坐、可卧、可嬉戏，是孩子最喜爱的地方，一个弧面就营造出了与众不同的家的氛围。

相比较而言，童趣元素、亲子家具、活动线路这些我们之前专题里探讨的内容，在HOUSE SH中都退到了次要的位置，氛围感成为家的主旨。人的感受被关切着，亲子宅不再拘泥于“该是什么样子”的设计路数。

用契合自己和孩子的生活方式来呈现家，是我们最后一个专题希望回归和探讨的。在深入了解书中13个案例和设计师的想法后，我发现有些技术上的方法可以总结，也很值得借鉴，但这仍无法帮助你决定生活的样子。

家作为精神的容器，完全不需要照搬别人的样式，每个孩子、每个家庭都是如此独一无二，我们只需和自己来一场深度对话，问问自己要什么，希望在怎样的地方生活。

大型玩具、有视觉冲击力的艺术品固然吸引人，但也可以选择带孩子在社区的户外滑梯玩耍，周末多去美术馆，这样就能让家的场所更单一纯粹。至于孩子是男孩还是女孩，也没有必要在空间里给性别贴标签。

无论怎样，都希望翻完这本书的你可以先暂时将惯性设计打破，对亲子宅有全新的、更丰富的想象。如果你碰巧也是设计师，希望你能关注到新一代父母的需求，在亲子关系、教育、美育上，他们的自我成长很快，住宅的亲子空间设计中更应关注人本身，以及家人之间的互动模式，而非物。

最后，希望亲爱的你已经在用亲近自己、亲近孩子的视角，着手打造出与自己家的价值观紧密相关的亲子空间。